KB268919

검정약콩청국장

이 제품은 대학실험실 벤처기업에서 국산콩과 특허(2002-21864) 종균을 사용하여 제조한 고기능성 콩발효 식품입니다.

- 제품명:대학낫도(흑두) · 식품의 유형:청국장 · 내용량:별도표시
- 영업허가:광동위 제7호 · 원재료명:흑두(국산100%), 납두균
- 제조원:조선이공대학 식품공학부(벤처기업:제2000142281-0292호)

無 농약   無 방부제

- **청국장 다이어트 비법!**
  SBS [藥이되는TV] 2003년 12월 23일 방영

- **청국장 생으로 먹으면 보약!**
  KBS-1TV 무엇이든 물어보세요!

- **생 청국장이 암을 물리친다!**
  2003년 10월 21일 방영

대학
낫도

명품낫도
T.(02) 515-1809

팔십 고령에 복음을 접하시고 영안이 트여

예수님을 구세주로 영접하신 후,

삼 년간 기도와 찬송으로 예수님만을 기리시다가

천국으로 가신 어머님, 김정수 여사께

이 책을 삼가 드립니다.

음식, 알고 먹읍시다
You Should know what you eat before you chew them

초판 인쇄 · 2007년 4월 5일
초판 발행 · 2007년 4월 10일

지은 이 · 심정석
펴낸 이 · 임종대
펴낸 곳 · 미래문화사

등록 번호 · 제 3-44호
등록 일자 · 1976년 10월 19일
주소 · 서울시 용산구 효창동 5-421호 140-120
전화 · 715-4507, 713-6647
팩스 · 713-4805
E-mail · miraebooks@korea.com
　　　　 mirae715@hanmail.net

ISBN 89-7299-337-9

주방 영양학

음식, 알고 먹읍시다

You Should know what you eat before you chew them

심정석 지음

미래문화사

음식, 알고 먹읍시다

You Should know what you eat before you chew them

주부님들께 건강 지식이 되기를 바라며

그간 대학에서 강의했던 성인병 예방을 위한 영양학 노트들을 이해하기 쉽게 정리하여 지금까지 50여 회에 걸쳐 매주 현지의 신문지면을 통해 독자들께 제공한 바 있습니다. 또 가족의 건강을 책임지고 있는 주부님들과 함께 우리를 괴롭히는 성인병의 양상과 요인이 되는 음식의 영양학에 대해서 공부했습니다. 그런데 그간 함께 공부하시던 주부님들께서 제 강의 내용을 책으로 만들 것을 제의하시고, 격려해 주심에 힘 입어 이번에 책으로 펴내기로 했습니다. 내용은 그간 강의했던 대로 주방 영양학 Kitchen Nutrition에 초점을 맞추었습니다. 모쪼록 부엌에서 매일 식단을 준비하시는 주부님들께 이 지식이 전달되어, 온 가족이 모두 건강한 생활을 하는 데에 도움이 되었으면 하는 마음 간절합니다.

성서의 "지식이 없으므로 망하는도다."라고 외친 선지자의 말처럼 음식에 대한 지식이 없어 가족들의 건강을 해치는 일이 없기를 바라는 마음 간절합니다. 그리고 이 책이 나오기까지 수고해주신 여러분들께 감사를 드립니다.

매주 강좌를 연재해주신 캐나다의 《한국일보》와 거친 원고를 다듬어주신 알버타대학의 선우훈이 박사님, 한국일보 토론토지사 김운용 편집장님, 그리고 이 책이 나오도록 이메일과 전화로 재촉(?)과 격려해주신 독자님들께 특별히 감사드립니다. 스크랩과 노트를 해가며 열심히 영양학 공부를 한다는 주부님의 수 많은 격려가 있어 계속해서 집필할 용기를 얻게 되었습니다.

끝으로 바쁘신 중에도 전체 원고를 감수해주신 에드몬톤 소망교회 김도봉 목사님과 출판에 힘써주신 미래문화사 임종대 사장님, 친구 김병린 사장님, 그리고 서툰 철자법을 교정해주느라 수고한 내자 김형주 권사님께 고마움을 표합니다.
여러분의 성원에 다시 한번 감사드립니다.

2007년 2월 5일
카나다 에드몬톤에서
심정석

가정의 〈건강 지킴이〉가 되길

저자 심정석 박사님은 성실한 학자의 한 사람으로서 연구하는 일, 강단에서 가르치는 일, 그리고 전공한 학문으로 사회를 위하여 공헌하는 일 등 삼박자를 고르게 갖춘 분입니다. 학문의 전문지식을 평범한 사람들이 생활 속에서 공감하고 실천할 수 있도록 쉽고 간결하게 전달하는 업적을 이루셨습니다. 특히 계란에 대해서 탁월한 연구 결과로《계란박사》라는 별칭도 얻으셨습니다.《오메가3》혹은《Sim's Egg》가 바로 그 결정체입니다.

이 책은《음식, 알고 먹읍시다》라는 제목처럼 먹는 음식을 통해 병이 생기는 경로를 추적하면서 각종 현대병을 항목별로 금해야 할 음식과 취해야 할 음식들을 일목요연하게 정리했습니다. 이는 주부 여러분이 꼭 알고 있어야 할 식탁 위의 교과서이니, 식품을 구입할 때 장바구니와 함께 가지고 다니며 참고하시면 훌륭한 건강지킴이가 될 것입니다.

또, 심정석 장로님은 신실한 그리스도인의 한 사람으로서 자신의 업적을 하나님의 영광을 위해 활용한다는 서원이 있어 은퇴기념으로 발간한 그의 저서 제목을《The Amazing Egg》라고 명명했습니다. 심 장로님은 전공한 영양학이라는 렌즈를 통해 영양실조로 쓰러져가는 북한 어린이와 탈북자의 아픔을 포착하였습니다. 그러면서 본인 스스로는 어려웠던 시절 우리 국민들의 주린 배를 채워주었던 구수한 보리떡 이야기를 통해 한반도의 아픔을 회상하면서 오병이어의 기적을 보여주신 예수님의 사랑을 몸소 실천했습니다. 남은 것(Leftover)을 챙기라는 예수님의 교훈이 은

퇴를 앞둔 노학자의 남은 시간(Leftover)과 메타포가 형성되면서 그의 전공 영양학Nutrition은 사명감 Mission으로 재생산되어 계속되는 학문의 지평을 열어가고 있습니다.

심 장로님의 열정은 사람의 몸을 건강하게 할 뿐 아니라 주님의 지체를 건강하게 하는 선교에 여생(Leftover)을 헌신하고 계십니다. 선교의 추세가 목회자 중심의 선교에서 점차 평신도의 전문영역 활용 선교로, 거주지 선교에서 원거리 선교로 움직이고 있는 때에 심 장로님의 선교는 좋은 모델이 되고 있습니다. Amazing Egg를 통해 아시아의 많은 나라들과 선교의 교두보를 형성한다는 비전입니다.

많이 먹고 잘못 먹어 병이 되는 시대에 적게 먹고 알맞게 먹어 건강하고, 남은 자원(Leftover)은 영양실조로 죽어가는 사람들에게 생명의 떡과 하늘의 떡으로 나누자고 외치는 《영양학 선지자》의 초청장이 이 책에 담겨 있습니다.

흔히 "건강은 돈을 주고도 살 수 없다."고 하는데 이 책이 자신과 가족의 건강도 지키고, 주님의 가르침을 널리 알리는 선교도 후원하는 일거양득의 기회가 되리라 믿어 꼭 일독하실 것을 적극 권해 드리는 바입니다.

2007년 2월
에드몬트 소망교회 목사 김도봉

차례

먹기 위하여 살지 말고, 살기 위하여 먹으라
-케케로
Thou shouldst eat to live, not to eat.
- cicero

식생활의 변화

캐나다 알버타 농대 식품영양학 교수로 재직하면서 어미닭의 사료를 통해 달걀의 지방산 구성을 바꾸어 콘레스톨을 해결하는 연구로 캐나다 연방정부로부터 특허를 받고 그 성과에 대해서 설명하는 저자.

제1장 식생활의 변화

지금으로부터 2,500년 전, 희랍에 히포크라테스Hippocrates라는 철학자이자 의사였던 사람이 있었습니다.

"음식이 약이요, 약이 음식이다."
라는 유명한 명언을 남긴 영양학의 대가였습니다. 그는 〈의학의 아버지〉로 오늘날에도 의학계에서 추앙을 받습니다.

그는 논문에서

"사람의 절대 건강은 몸에 대한 지식과, 음식에 대한 지식과, 몸세포의 유전자 기능을 아는 지식과, 먹는 음식의 기능을 아는 지식과, 천연식품과 가공식품의 차이를 아는 지식을 지혜롭게 실천하는 데 달려 있다."
고 했습니다. 또 적절한 운동이 꼭 수반돼야 한다고 설파했습니다.

만약 이 원칙에 위배되거나 균형을 잃으면 건강을 잃고 병을 얻게 된다고 했습니다. 사람의 기술로 가공한 식품Human Skill이 우리 건강을 해칠 수 있다고 경고했습니다.

한국 사람들의 일반적인 상차림.
영양소의 성분과 작용을 알고 먹는 것이 중요합니다.

맞습니다.

우리가 매일 먹는 음식은 그 공급원과 구성 성분을 알고, 선별하는 지식과 지혜가 꼭 필요합니다. 오늘날 우리를 괴롭히는 수많은 성인병들의 원인도 우리 몸 세포의 유전자와 오염된 환경, 그리고 매일 섭생하는 가공식품 등과 무관하지 않습니다. 다양하고 복합적입니다. 매일 먹고 사는 음식을 스스로 알고, 관리하고, 경영할 수 있는 지식과 지혜가 꼭 있어야 합니다.

하나님도

"내 백성이 지식이 없으므로 망하는도다."(호세아 4장 6절)

라고 했습니다.

건강도 지식이 있어야 유지할 수 있습니다. 이 지식을 다루는 학문을 〈영양학Nutrition〉이라고 합니다.

매일 우리가 먹는 음식Foods은 각종 영양소Nutrients들의 집산입니다.

음식물이 일단 소화기 안에 들어가면 작은 분자로 분해되어 세포로 흡수됩니다. 이 흡수된 작은 분자들을 〈영양소Nutrients〉라 합니다. 이 영양소는 몸이 살아서 움직이는데 꼭 필요한 연료와 자양분으로 사용됩니다.

우리 몸은 약 600조(60 trillions)가 넘는 세포들로 구성돼 있다고 합니다.

사람은 음식을 먹고, 세포들은 영양소를 먹습니다. 이 영양소들이 하나라도 부족하거나 너무 많아 균형을 잃으면 세포들이 슬퍼하고 약해지며 제구실을 못합니다. 이런 현상이 오랫동안 지속되면 퇴행성 성인병으로 발전합니다. 성인병의 이름은 약해지고 병든 세포들이 많이 모인 장기나 조직의 이름에 따라 붙여집니다.

성인병은 하루 아침에 생기는 병이 아니라 젊었을 때부터 시작되는 병입니다. 우리가 잘 알고 먹으면 병들고 약해진 세포들도 음식을 통해서 치료와 회복이 가능해집니다. 그러니까 젊어서부터 알고 먹으면 예방도 할 수 있는 것입니다. 이것을 실천하는 행위를 식이요법이라 합니다.

식이요법이란 균형 잡힌 영양공급과 영양분 섭취를 방해하는 요소들을 제거해 건강하게 살게 하는 처방으로, 이는 전적으로 주부님들의 지혜요, 기술입니다.

영양학도 전문성에 따라 세분화되었습니다.

질병의 원인 규명을 다루는 분야를 질병 영양학Nutritional pathology, 식품의 영양가치를 분석 평가하는 식품 영양학Food nutrition, 병원에서 환자들을 대상으로 실험하는 임상 영양학Clinical nutrition, 한 지역사회의 건강을 토대로 상담하고 연구하는 공동사회 영양학Community nutrition 등으로 분류합니다.

우리 주부님들을 위해 우리가 공부하는 이 영양학 강의를《주방 영양학 Kitchen Nutrition》이라 불러보겠습니다.

하나님이께서는 로마서 12장 1절에서
"너희 몸을 하나님이 기뻐하시는 거룩한 산 제사로 드리라."
고 하셨습니다. 주방에서도 이를 알고 요리 하고, 알고 먹어서 건강한 몸으로 하나님께 영광을 드립시다.

자유인이 자유를 빼앗겼을 때 비로소 자유의 참가치를 알게 되는 것과 같이 건강한 사람이 건강을 잃었을 때에야 건강의 귀중함을 깨닫습니다. 그러나 한번 잃어버린 건강을 되찾기란 그리 쉽지 않습니다.

오늘날 수많은 성인병들이 우리의 건강을 앗아갑니다.

공통된 주요인은 음식입니다.

심장병, 암, 당뇨, 고혈압, 천식, 신경통, 골다공증, 치매, 만성피로증 등등은 퇴폐성 질환들입니다. 이 병들은 젊었을 때부터 무슨 음식을 어떻게 섭취해왔느냐에 따라 병명이 달라집니다. 그리고 가장 큰 요인이 됩니다. 이런 맥락에서 지금 우리는 지혜로운 식이요법이 크게 요구되는 세대에 살고 있습니다.

시장에서 무엇을 구입하고, 어떻게 요리하여 먹느냐가 우리를 건강하게도 하고, 병들게도 하며, 심하면 죽이기도 합니다.

오늘 날 우리의 식생활의 질과 모양새가 많이 변했습니다.

현대 도시인들이 매일 구입하는 식품의 80% 이상이 가공의 공정을 거친 식품입니다.

퇴폐성 성인병의 범람도 그 변모한 식생활의 결과입니다. 농업기술도 크게 발달하여 식량도 풍성해졌습니다. 이제 우리는 굶지 않고 살 수 있습니다. 우리 선조들이 숙명처럼 여겼던 춘궁기, 즉 보릿고개 같은 가난도 우리 기억에서 사라진 지 오래되었습니다.

한국의 경제도 이제 세계 10위권 안으로 들어서기 일보직전입니다. 우리의 식생활도 그에 따라 많이 현대화(?)되었습니다.

시골의 밭에서 갓 올라온 싱싱한 푸성귀를 그날그날 장을 봐다 식단을 준비하던 때는 사라진 지 오래되었습니다. 가공되고 포장된 식품들이 우리의 주방과 식단을 온통 바꾸어 놓았습니다.

식품점에는 우리가 자랄 때 구경도 못했던 수많은 가공식품들이 보기 좋게 포장되어 진열되어 있습니다. 우리가 옛날 가난할 때 먹던 식품들도 이제 통조림이 되어 이곳 캐나다 식품점에까지 들어와 있습니다. 가공식품의 범람 속에 살고 있습니다. 그렇기 때문에 우리는 제대로 알고 먹어야겠습니다.

바쁜 시대에 살고 있는 우리는 자주 외식을 합니다.

맥도널드와 같은 패스트푸드 산업이 우리의 식단을 크게 변화시켰습니다. 우리는 이런 음식을 가볍게 생각 없이 즐겨 먹습니다. 이 음식들은 우리의 건강을 위한 식단이 아닙니다. 이익만을 추구한 상혼의 식단들입니다. 과거에 우리가 못살 때 그렇게 부러워했던 서구문명입니다. 그러나 음식의 모양과 맛은 물론이고 우리 몸의 체질과 건강의 바탕도 크게 바뀌어지고 있음을 알아야 하겠습니다.

몸은 먹는 음식을 닮아 갑니다.

우리가 먹은 음식은 신진대사를 통해 우리 몸을 구성하고 있는 세포 속으로 들어가 몸 조직을 바꾸어 놓습니다. 영양학에서 흔히 쓰는 말 중에

"네가 먹은 음식이 바로 너다.You are what you eat"

라는 말이 있습니다.

히랍의 히포크라테스는

"음식이 약이요, 약이 음식이라.Food is your medicine and medicine is your food"

라고 가르쳤습니다. 음식은 꼭 알고 먹어야 합니다.

바울도 일찍이

"모든 것이 가하나 모든 것이 유익한 것이 아니요." (고린도전서 10장 23절)

라고 했습니다.

음식이라고 해서 다 몸에 유익하지는 않습니다. 오늘 날 가공된 음식은 우리 몸에 절대 유익하지 못합니다.

다. 변형된 체질이 성인병을 가져왔습니다

지난 반세기 동안 의학기술의 발전과, 예방주사, 항생제의 개발 덕분으로 우리의 생명을 위협하던 각종 전염병들로부터 예방이 가능해졌습니다. 그러나 오늘 날 새로운 병들이 전염병 못지 않게 마구 생겨 우리를 괴롭힙니다. 심장병, 뇌졸중, 각종 암, 당뇨병, 신경통, 골다공증, 치매, 파킨슨병 등 이루 헤아릴 수가 없습니다. 옛날에는 들어보지도 못한 생소한 병들입니다. 이들을 통틀어 현대의학은 성인병Chronic Degenerative

Diseases이라 부릅니다.

우리의 친척이나 친지들이 성인
병으로 병상에 누워 투병하는 모습
을 가까이서 보노리면 참으로 안스
럽고 슬픕니다.

전후 세대Baby Boomer 들은 어떻
게 하면 성인병에 걸리지 않고 장수
할 수 있을까? 고민하고 염원합니
다.

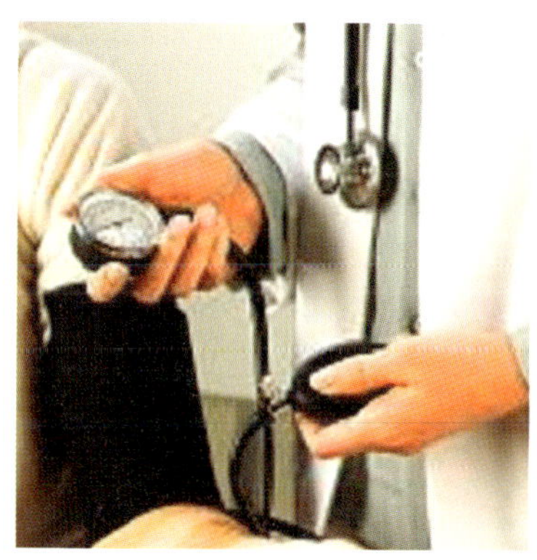

성인병 환자는 늘어만 갑니다. 그래서 이 세대
를 가리켜 "사는 날은 짧고 죽어 가는 날은 긴
세대"라고도 말합니다. 건강하게 사는 날은 짧
고, 병들어 병상에 누워 죽어 가는 날이 점점
길어져 간다는 말입니다.

오늘날, 우리의 평균수명은 많이 연장되었습니다. 지난 반세기 동안에
우리의 평균수명이 약 20년은 더 연장됐다고 합니다.

그러나 오래 살면 살수록 성인병 환자는 늘어만 갑니다. 그래서 이 세
대를 가리켜

"사는 날은 짧고, 죽어 가는 날은 긴 세대.Live short and die long
generation"

라고도 말합니다. 건강하게 사는 날은 짧고, 병들어 병상에 누워 죽어 가
는 날이 점점 길어져 간다는 말입니다.

그럼 이 성인병이 어떻게 시작되는지 알아보겠습니다.

성인병들에는 한 가지 공통점이 있습니다. 우리가 일상 대하고 사는 환
경과 음식과 생활태도Lifestyle와 직접 관계가 있다는 점입니다. 그리고 예
방과 치료가 가능하다는 것입니다. 권위 있는 영양학자들도 이구동성으
로 성인병은 음식으로 예방할 수 있다고 목소리를 높입니다.

성인병은 약과 수술로 치료하는 병이 아니라 지혜로운 식단으로 예방해야 하는 병입니다.

성인병의 원인을 우리가 매일 섭식하는 음식을 통해 쉽게 접근해 보겠습니다. 이 글들이 한 가족들의 식단을 책임진 주부님들께 도움이 됐으면 하는 염원입니다.

성경의 시편을 보면 다윗왕은,

"나를 지으심이 신묘막측Fearfully and Beautifully Made 하심이라." (시편 139장 14절)

라고 하나님께 감사했습니다. 아름답고 신비하게 건강을 주신 하나님께 고마워 하는 독자님들이 되시길 기원합니다. 이 글을 읽는 모두가 이 축복의 소유자가 되길 기원합니다. 건강한 몸은 최고의 축복이니까요.

가. 사람은 음식을 먹고 세포는 영양소를 먹습니다

우리의 영양상태를 논하기 전에 영양학에 대하여 간단히 정의해 보겠습니다.

우리가 매일 먹고 마시는 음식물은 입에서 저작(詛嚼 : 씹음)하는 즉시 소화기관 즉, 위, 소장, 대장에 전달되어 여러가지 효소들에 의해 작은 분자의 영양소Nutrients들로 분해 되어 몸 안으로 흡수됩니다. 그리고 혈관을 통해 우리 몸의 각부서로 운반됩니다. 각 세포에 분배된 후 필요에 따라 열량으로 태워져 소모되거나 필요할 때 쓰기 위해 세포 속에 저장됩니다.

음식을 구성하는 영양소는 크게 여섯 가지로 나눌 수 있습니다.

단백질Protein, 지방질 또는 기름Fats, 탄수화물 또는 전분Carbohydrates, 물Water, 광물질Minerals과 비타민Vitamins 등이 있습니다. 이 여섯 가지 영양소들은 매일 음식을 통해 공급받아야 우리 몸이 살 수 있습니다. 이들은 필수불가결한 물질들입니다.

사람이 성장하고, 번식하고 건강을 유지하는데 많은 양으로 요구되는 단백질, 지방질, 탄수화물, 칼슘과 같은 무기물들을 거시 영양소군Macro Nutrients이라 합니다. 아주 미량의 성분이 요구되는 비타민이나 미량 광물질 등을 합쳐 미량 영양소Micro Nutrients 군이라 합니다.

음식물은 우리 입을 통과하는 즉시 영양소들로 분해 흡수되어 우리 몸을 구성하는 각 세포에게 공급됩니다. 그래서 '사람은 음식을 먹고, 세포는 영양소를 먹는다'고 말할 수 있습니다. 음식은 그 구성요소인 영양소들의 양과 질과 그들의 균형 있는 비율에 따라 영양가치가 결정됩니다. 비싸고 싸고 관계 없이 영양소들의 구성에 따라 세포들이 건강해지거나 병들게 됩니다.

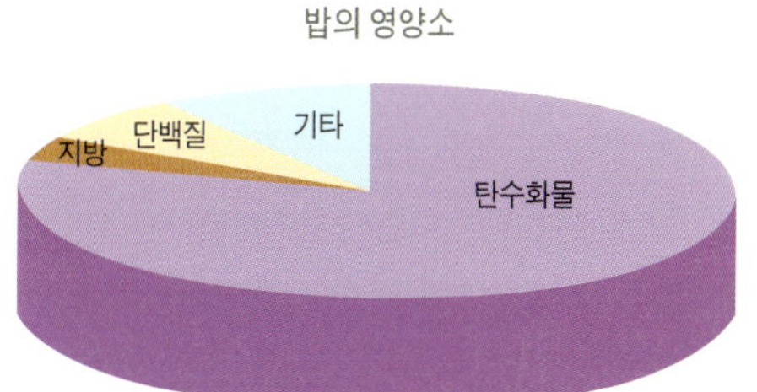

우리가 매일 먹고 마시는 음식물은 입에서 저작詛嚼하는 즉시 소화기관(위, 소장, 대장)에 전달되어 여러가지 효소들에 의해 작은 분자의 영양소Nutrient들로 분해되어 몸 안으로 흡수됩니다.

세포들이 건강하면 우리의 몸도 건강해집니다. 세포가 병들면 그 세포들로 구성돼 있는 조직이나 장기들도 병이 드는 것입니다. 그리고 병든 세포의 부위와 증상에 따라 병명이 붙여집니다. 예를 들어, 위장에 병든 세포가 모여 있으면 위장병, 심장에 있으면 심장병, 뼈에 있으면 골다공증, 신경통 등으로 불리어 집니다.

질병이 발생하는 시기와 원인은 하루 아침에 일어나는 현상이 아닙니다. 이 여섯가지 영양소 중에 어느 하나의 공급이 절대적으로 부족하거나, 균형을 잃은Imbalance 상태로 장기간 방치되었다면 질병의 증상이 서서히, 그리고 장기간에 걸쳐 발전합니다. 그렇게 해서 병의 증상Symptom으로 나타날Predispose 때 현대 의학은 병의 이름을 붙입니다.

인간의 몸을 구성하는 세포들은 원천적으로 스스로 치유Self - Healing 할 수 있는 능력을 가지고 있습니다. 그러나 음식을 통한 영양소의 공급이 부족하거나 불균형 상태로 오랜 동안 방치될 때 자가치유를 온전히 할 수 있는 기능을 잃어 갑니다. 자가치유가 정지되는 상태를 〈병〉이라고 할 수 있습니다. 천혜의 자가치유의 기능을 상실하면 자신도 모르는 사이에 몸 안에서 병을 키운다는 얘기가 됩니다. 그래서 성인병은 조용히 오는 살인자Silent Killer라고 부릅니다.

성인병을 가리켜 만성질환Chronic Degenerative Disease이라고도 합니다. 그러나 놀라운 것은 부족한 영양소를 때 맞춰 균형 있게 공급해주면 세포가 보유하고 있는 자가 치유 능력이 소생Restore됩니다. 이러한 행위를 식이요법Dietary Therapy이라 합니다.

우리는 젊었을 때부터 균형 있는 영양관리를 매일매일 실천하여 성인병을 예방해야 합니다. 혹시 때를 놓쳐 병의 증상Symptom이 드러난 뒤에 병원에 간들 의사인들 어찌하겠습니까? 수술이나 독한 약물치료 외에 다른 방법이 없습니다. 그래서 현대의학이 병이 난 후 치료Post disease medicine하는 의술이라 한다면 영양학은 예방의학Preventive medicine이라 할 수 있습니다.

"네가 네 손이 수고한 대로 먹을 것이라, 네가 복되고 형통 하리로다."

시편 128장 2절의 말씀입니다. 음식을 알고 먹어 복되고 형통하는 우리 모두 되기를 기원합니다.

마. 균형 있는 식단을 방해하는 요소들

첫째, 현대인의 병에 대한 개념과 태도가 문제입니다.

균형 잡힌 식단을 통한 영양섭취로 병을 예방할 수 있다는 건강문화가 우리에게 꼭 필요합니다. 약과 수술로 대처하기 전에 예방의학이 우선되어야 합니다. 북미의 경우 처방약으로 쓰는 비용이 연간 40억 불이 넘는다 합니다. 이는 총 의료비의 20%가 훨씬 넘는 수치입니다.

그와는 반대로 병을 예방하는데 쓰는 비용은 1%도 안 된다고 합니다. 병을 치료Post - disease하는 의술Treatment Medicine에서 예방하는 의술 Preventive Medicine로 바뀌어야 합니다. 현대인의 병에 대한 개념과 태도가 문제입니다.

둘째, 급격히 발전한 농업기술, 식품가공 기술, 환경오염 때문에 식품의 영양가 함량과 질과 균형에 큰 변화가 있음을 알아야 합니다. 개량된 종자로 대량 생산된 농작물과 소비자의 선호도에만 치중한 가공식품들은

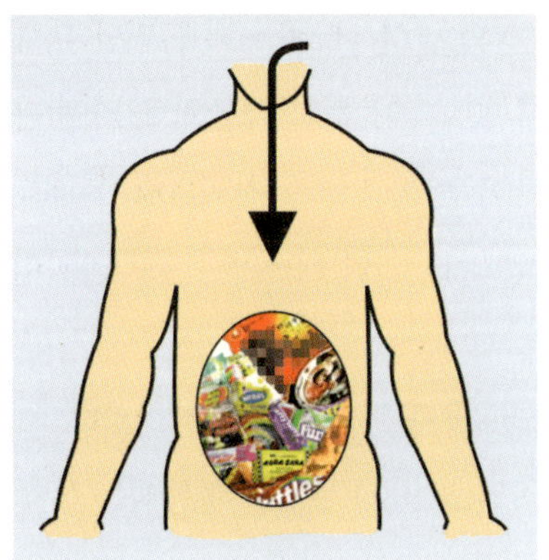

소비자의 선호도에만 치중한 가공 식품들은 많은 영양소들이 이미 손실돼 있어 특정 영양소가 결핍돼 있거나 균형Balance을 잃었음을 알아야 합니다.

많은 영양소들이 이미 손실되어 특정 영양소가 결핍 내지는 균형Balance을 잃고 있습니다. 가공 공정 가운데 전혀 생소한 물질로 변한 화학물질도 있습니다. 이들은 우리 몸에 유익하다기보다는 해롭습니다.

셋째, 식품의 영양소 함량은 생산된 지역의 토양성분에 따라 달라집니다. 오랜 기간 화학 비료로 경작되어 온 토양은 많은 영양분이 결핍되어 있습니다. 그러한 토양에서 생산된 식품들은 토양성분을 닮아 역시 영양분이 결핍되어 있습니다.

오늘날 우리의 식품들은 모양은 같아 보이나 영양 성분의 질과 양을 예측하기 어렵고 눈으로 구분하기 어렵습니다.

넷째, UN보건기구나 정부가 권장하는 영양소 표준량Recommended Daily Intake이 있습니다. 이 표준량은 원래 결핍증을 피할 수 있는 최소 요구치Minimal Requirement를 기준으로 삼았습니다. 결핍증Deficient Symptom이 나타나기 직전의 최소량Minimum Level을 설정했습니다.

실제 식품의 상표에 표기된 영양소 함량이 건강을 위한 최적량Optimum Level 기준에 적합한지 살펴야 합니다. 현재 미국과 캐나다가 공동으로 표준량의 기준을 재평가하고 있다니 좋은 일입니다. 가까운 장래에 최적 영양소 권장량이 새로 제정될 것으로 압니다.

다섯째, 20세기 초반부터 성인병과 비만증이 범람하면서 의학계에서는 지방질 대신 탄수화물을 많이 먹도록 권장해왔습니다. 지방성 음식 기피증Fatty Phobia 현상은 지난 반세기 이상 현대인의 식이문화로 간주돼 왔습니다. 이로 인해 필수영양소인 오메가-3 지방산이나 지방성 용해Fat-soluble 비타민들의 결핍증을 일으켜 성인병이 더 유발되는 결과를 초래했습니다. 결과로 대부분의 열량Calorie 요구량은 기름 대신 탄수화물로 대체하게 되었습니다. 자연히 탄수화물 과다소비로 인해 오늘날 〈Type II〉라는 성인성 당뇨병이 만연되는 결과를 가져오게 되었습니다.

이 모두가 무식의 소치입니다.

하나님은

"묵시가 없으면 백성이 방자히 행하고,"(잠언 29장 18절) "미련한 자는 지혜와 훈계를 멸시하느니라."(잠언 1장 7절)

하셨습니다. 우리는 음식을 잘 알아 함부로 먹지 말아야겠습니다.

바. 산화부담Oxidative Stress이 성인병의 원인입니다

사람은 호흡Resiration함으로써 생명을 유지합니다.

공기 중에 산소(O_2)를 호흡하여 세포에 공급합니다. 세포 속에 공급된 산소는 음식으로부터 얻은 영양소 중 탄수화물, 지방, 또는 단백질을 태워 필요한 에너지(열량)를 몸에 공급합니다. 산소는 두 개의 수소(H)와 결합하여 물(H_2O)을 합성합니다. 그리고 탄소(C)와 결합하여 탄산가스(CO_2)를 생성하여 몸 밖으로 내보냅니다. 물은 소변과 땀으로, 탄산가스는 호흡을 통해 몸밖으로 내보냅니다.

물과 탄산까스는 몸에 해롭지 않은 물질입니다. 그러나 호흡과정에서

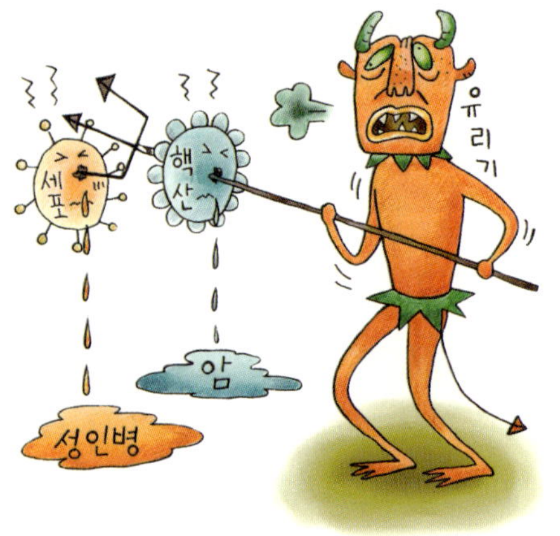

극히 소량의 산소가 남아 유리기Free radicals로 변해 몸 안에 남습니다.

유리기는 성질이 아주 고약합니다. 불안전하여 주위에 있는 다른 영양소들 즉, 세포와 핵 속에 존재하는 핵산(DNA)들과 접촉만 하면 아주 민감하게 반응합니다. 접속한 물질은 같은 유리기로 변해버립니다. 그리고 이웃과 계속해서 연쇄 반응합니다.

상당량의 유리기들이 세포 속에 축적되면 세포들의 내피에 상처가 생깁니다. 세포가 상처를 입으면 곧 염증반응Inflammatory Reaction을 일으킵니다. 염증반응은 조직을 파괴시키는데 이것이 성인병의 시작입니다.

유리기가 세포 핵 속에 담겨 있는 핵산(DNA)들과도 접속하면 마찬가지로 반응하여 상처를 입힙니다. 상처를 입은 핵산은 비정상으로 변형되어 세포가 분열할 때 변이Mutation 현상을 초래합니다. 변이된 핵으로 분열된 세포들은 암세포로 발전합니다.

몸속에 유리기가 축적돼 세포들이 산화의 부담을 받게 되면 세포와 조직들은 성인병으로 발전합니다. 유리기는 산소호흡 작용에서 생기는 것 외에도 산화된 식품이나 오염된 환경으로부터 몸 안으로 들어와 축적됩니다. 산소 호흡이나 식생활은 생명을 유지하는데 절대 필요불가결한 기본 현상입니다. 그리고 보면 숨쉬고 섭생하는 생명 활동에는 유익한 밝은 면이 있는가 하면 산화 부담이란 유해한 어두운 면이 공존합니다.

그러나 감사한 것은 유리기 축적이란 어두운 면에서 해방시키는 방법도 이미 식품을 통해서 준비되어 있습니다. 즉, 음식 속에 이미 항산화제Antioxidants가 마련되어 있습니다. 이 항산화제들은 유리기들과 접속 반응합니다. 불안전하고 민감한 성격의 유리기를 아주 안정적이고 무해한 상태로 환원Reduction시켜 줍니다. 너 이상 연쇄 반응을 못하도록 성질을 바꾸는 것입니다. 그리고 안정제 역할을 효율적으로 수행합니다.

유리기와 산화 부담은 어쩔 수 없는 생명현상입니다.

그러나 음식을 통해 항산화제Antioxidant를 매일 충분히 공급해 주는 일은 내가 해야 합니다. 내 스스로의 책임입니다. 남이 못해줍니다. 의사도 못해 줍니다. 이것을 식이요법이라 합니다.

신기하게도 이러한 항산화제들이 과일, 채소, 곡식 속에 다양한 모양새로 골고루, 그것도 풍부하게 담겨 있다는 점이 놀랍습니다. 이것들을 잘 식별해서 지혜롭게 식단을 짜는 안목이 꼭 필요합니다. 이 지혜로운 안목이 산화 부담으로부터 우리를 해방시켜 줄 수 있는 유일한 방법입니다. 우리는 이 안목Common sense을 배우고 함께 연구하고 있습니다.

산소 호흡이나 식생활은 생명을 유지 시켜주는 절대 필수불가결한 생명현상인 동시에 성인병의 주요인이 되는 유리기Free Radicals를 생산해 내는 원천이 되기도 합니다. 그래서 생명에는 밝은 면과 어두운 면이 함께 공존합니다. 유리기가 몸 안에 많이 축적되면 산화부담Oxidative Stress을 초래해 성인 병으로 진화한다는 것은 이미 설명했습니다.

하나님께서는 우리의 생명 원리를 잘 아시는지라 천혜의 식품 속에 항산화제Antioxidants를 무진장 미리 준비해 두셨습니다. 하나님이

"내가 온 지면의 씨 맺는 모든 채소와 씨 가진 열매 맺는 모든 나무를

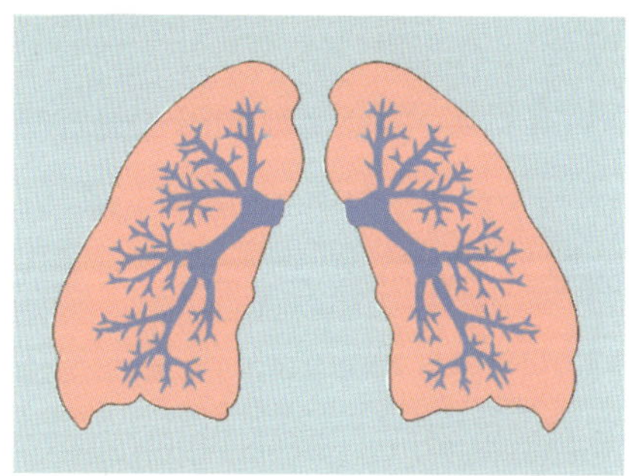

산소 호흡은 우리의 생명을 유지 해주는 절대 필수 불가결한 생명 현상인 동시에, 성인병의 주요인이 되는 유리기Free Radicals를 생산해 내는 원천이 되기도 합니다.

너희에게 주노니 너희 식물이 되리라."(창세기 1장 29절) 하셨습니다.

식품은 하나님께서 인간에게 베푸신 첫 번째 축복입니다.

하나님은 병이 생기지 전에 예방치료법을 준비하셨습니다. 이것이 하나님의 사랑이며 축복입니다. 하나님을 경외하는 것이 지식의 근본입니다. 지혜와 훈계를 멸시하지 않는 우리가 됩시다(잠언 1장7절). 이 지식이 있어야 망하지 않습니다(호세아 4장6 절). 이 지혜를 알고 실천하는 것이 우리의 책임입니다.

항산화제를 제 때에 충분히 공급하면 유리기가 중화돼 산화 부담을 방지함도 배웠습니다.

현대 의학은 지난 반세기 동안 눈부시게 발전했습니다. 많은 연구업적 중에도 유리기의 생화학적 규명과 산화부담의 원리, 그리고 성인병 발생의 병리현상을 밝혀 낸 일은 가장 위대하고 자랑스러운 개가라고 아니할 수 없습니다. 더 중요한 사실은 우리가 먹고 사는 음식 속에 자연적으로 담겨 있는 항산화제가 문제해결의 열쇠라는 것입니다. 이제부터 알아듣기 쉬운 말로 산화 부담으로 말미암아 생기는 성인병들의 증상과 예방을 위한 《주방 영양학》을 독자들과 함께 열고자 합니다.

제2장

산화부담으로 생긴 성인병

저자가 개발한 Dr. Sim's Designer Eggs는 캐나다 연방정부로부터 상표로
판매 허가를 받아 세계 15개국에서 유통되고 있다.(사진은 유통차량의 모습)

1. 심장병

가. 제1의 살인자는 심장병입니다

심장병Heart attack이란 간단히 정의하면 심장 자체, 또는 심장으로 흐르는 동맥혈관이 막혀 혈액 순환이 부족해 울혈Congestion되거나 정지되어 심장자체에 산소와 영양 공급이 충분하지 않든가 정지되었을 때 나타나는 증상입니다. 그리고 동맥이 막히는 과정과 현상을 동맥경화증 또는 동맥경색증Atherosclerosis이라 합니다.

이는 하루 아침에 생기는 현상이 아닙니다. 젊어서부터 서서히 시작되어 40~60세 때 우리의 생명을 가장 많이 빼앗아 가는 성

인병입니다.

제가 사는 북미만해도 1년에 약 150만 명의 심장병 환자가 발생하는데 이중 50%는 60세 이전의 연령층이랍니다. 이중 30% 이상이 치료할 시간 여유도 없이 즉사하는 무서운 병입니다. 지난 반세기 동안 천문학적인 돈을 의학연구에 투자해왔지만 심장병으로 인한 사망률은 좀처럼 줄어들지 않고 있습니다.

100년 전만해도 의과대학에서 학생들이 임상 실습에 필요한 심장병으로 사망한 환자찾기에는 10년 정도를 기다려야할 정도로 희귀한 병이었다고 합니다. 그러나 100년 사이에 놀라운 속도로 늘어나 사망율 제1호의 병이 되었습니다.

환경오염, 가공식품의 범람, 하루가 다르게 달라진 식단의 변모가 절대 무관하다 할 수 없습니다. 참으로 가공할 일입니다. 오늘날 제1의 살인자요, 인류 공동의 적이 됐습니다. 심장병은 사람들이 어리석어 스스로 초래한 병이라 해도 과언이 아닙니다.

동맥혈관의 통로를 막고 있는 장애물은 대체 무엇이며 그 발생과정은 어떠한지 살펴보도록 하겠습니다.

사망한 환자들의 혈관내부를 메우고 있는 덩어리Plaque를 분석해 보면 주로 기름 침전물Atheroma로 구성되어 있습니다. 특히 콜레스테롤Cholesterol이란 기름이 많이 포함돼 있습니다. 이런 연유로 콜레스테롤을 심장병의 주 원인으로 알고 믿게 되었습니다. 콜레스테롤을 함유하고 있는 육류나 기름이 우리 식탁에서 철저히 배척당해 온 이유이기도 합니다. 그러나 근래 연구발표를 보면 콜레스테롤은 하나의 증상Sign에 불과할 뿐 직접 동맥 경화증을 유발하는 주 원인은 아니라고 판명났습니다.

현대 의학은 유리기Free radicals가 직접 원인이라고 규명하고 있습니다. 많은 양의 유리기들이 세포 내에 축적되면 혈관의 내벽Endothelium에 상처를 주게 됩니다. 몸 안에 아무리 미세한 상처라도 생기면 세포들은 이 상처를 곧 아물게 하려고 원천적으로 지니고 있는 자가치유Self - healing 기능을 최대한 발동시킵니다. 이 자가치유 과정을 의학에서는 염증반응Inflammatory reaction이라 합니다.

이러한 자가치유의 노력에도 불구하고 세포 속에 유리기가 계속 생산 축적되면 혈관 내벽 상처 부위가 점점 확장되면서 염증반응이 계속됩니다. 혈관 내벽의 염증으로 생긴 상처를 치료하느라 생긴 딱지와 면역기능을 담당하다가 죽어간 백혈구들의 시체들이 서로 엉켜 혈관의 통로를 막아버리는 현상이 소위 동맥경화 증상Atherosclerosis입니다.

죽은 백혈구들은 콜레스테롤을 많이 포함하고 있습니다. 여기에다 유리기들이 혈액으로 옮겨 다니는 소위 LDL - 콜레스테롤을 산화시킵니다. 산화된 LDL - 콜레스테롤Oxidized LDL - cholesterol은 곧 생명을 잃고 죽은 백혈구 시체들과 함께 엉켜 축척되고 오랫 동안 퇴폐Degenerated되면 딱딱하게 굳어진 기름 덩어리 플러그Plaque가 됩니다. 이 플러그가 혈관의 통로를 메우게 되는데 이것 또한 동맥경화증입니다.

혈관이 차단되면 자연히 피 속에 녹아 있는 산소와 영양소 공급이 정지되고 그리되면 심장을 구성하고 있는 세포가 질식하고 굶어 죽게 되니 전체 심장의 기능이 멈추게 됩니다. 이를 일컬어 심장마비Heart attack라 부릅니다.

콜레스테롤이 많이 모여 있는 증상만으로 콜레스테롤이 심장 질환의 주 원인이 되는 줄 알지만 실은 콜레스테롤은 아무 죄가 없습니다. 콜레스테롤은 단지 증상에 불과합니다.

유리기Free radicals가 진짜 범인입니다.

혈관통로 차단의 정도에 따라 심장질환의 정도가 결정됩니다. 병명도 달리 불려집니다. 그러나 병의 원리는 다 산화부담에서 시작됩니다.

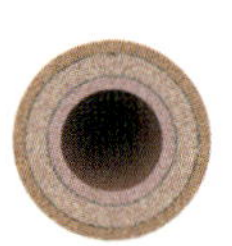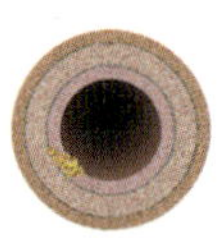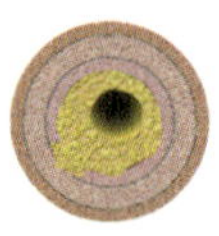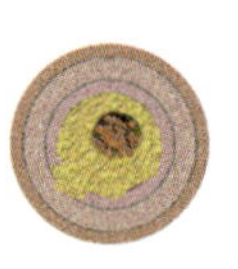

막힌 동맥이 심장으로 연결되어 있으면 심장병, 머리로 연결되어 있으면 뇌졸중stroke이라 부릅니다.

막힌 동맥이 심장으로 연결되어 있으면 심장병, 머리로 연결되어 있으면 뇌졸중Stroke이라 부릅니다.

아무리 갑자기 죽는 심장질환이라도 하루 아침에 생긴 것이 아니고 젊었을 때부터 길러온 병이란 것을 꼭 알아야 합니다. 젊어서부터 항산화제를 제때 공급해 산화 부담Oxidative stress의 축적을 미리 예방하지 못한 결과라고 봐야 합니다.

우리의 몸 세포들을 오랫동안 산화 부담을 주어 상처받도록 방치해 두어선 안됩니다. 산화 부담 예방에는 오직 일상의 식단을 통해 항산화제를 충분하게 공급해주는 것이 최상의 예방 식이요법입니다.

예수님께서는

"너희는 스스로 조심하라. 그렇지 않으면 방탕함과 술취함과 생활의 염려로 마음이 둔하여지고 뜻밖에 그 날이 덫과 같이 너희에게 임하리라."

(누가복음 21장 34절)

하셨습니다. 꼭 명심하기 바랍니다.

나. 콜레스테롤이 문제가 아니라 변심된 콜레스테롤이 원흉입니다

기름(지방)은 물을 싫어합니다. 기름 중에서도 물을 가장 싫어하는 것이 콜레스테롤입니다.

기름은 물과 접촉되면 결정체Crystal로 변해 유연성을 잃고 맙니다. 그렇기 때문에 음식을 통해 흡수된 기름은 물과 섞이길 좋아하는 단백질의 도움을 받아야 혈액을 통해 세포로 운반될 수 있습니다.

기름과 단백질의 연합체를 리포단백질lipoprotein이라 부릅니다. 또 콜레스테롤을 전문으로 운반하는 리포단백질을 LDL이라 부릅니다. 이런 맥락에서 혈액 속에 LDL이 많으면 콜레스테롤이 많다는 얘기가 됩니다.

또한 콜레스테롤이 많으면 해롭다는 이유로 LDL을 나쁜 콜레스테롤 bad cholesterol이란 별명을 붙였습니다. 반면 LDL 대신 콜레스테롤 양이 비교적 적은 리포단백질인 HDL이 혈액에 많으면 건강에 좋다고 알려져 있습니다. 그래서 HDL을 좋은 콜레스테롤Good cholesterol이라고 부릅니다.

콜레스테롤이 LDL에 붙어 혈액 속에서 운반 도중 유리기Free radicals들의 공격을 받으면 콜레스테롤도 산화되고 변형됩니다. 이들을 산화된 콜레스테롤Oxidized LDL

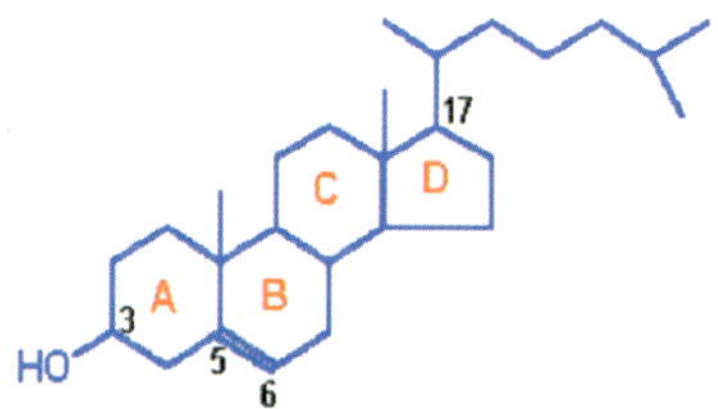

콜레스테롤은 원래 동물성 식품에만 존재하는 기름입니다. 그래서 육식을 할 때는 반드시 항산화제가 풍부한 나물, 약초, 채소, 과일 그리고 가공하지 않은 곡물로 만든 떡과 함께 먹어야 합니다. 콜레스테롤 산화를 예방할 수 있기 때문입니다.

-cholesterol이라 합니다. 산화된 클레스테롤은 다른 유리기들과 유사하게 혈관 내벽에 상처를 주는 해로운 역할을 합니다. 상처 입은 세포들은 자가 치유를 위해 역시 염증반응을 합니다. 콜레스테롤 자체는 세포들이 필요한 중요 영양소이지만 일단 콜레스테롤이 산화되면 유리기처럼 동맥경화의 가장 큰 요인으로 전락합니다.

콜레스테롤은 원래 동물성 식품에만 존재하는 기름입니다. 그래서 육식을 할 때는 반드시 항산화제가 풍부한 나물, 약초, 채소, 과일 그리고 가공하지 않은 곡물로 만든 떡과 함께 먹어야 합니다. 콜레스테롤 산화를 예방할 수 있기 때문입니다.

"육식을 할 때 항산화제가 풍부한 가공하지 않은 무교병無酵餠과 쓴나물과 아울러 먹으라."(출애굽기 12장 8절)
고 간곡히 권유하신 하나님의 뜻이 여기에 있는 것 아니겠습니까?

다. 우리 몸은 산화부담이란 전쟁터입니다

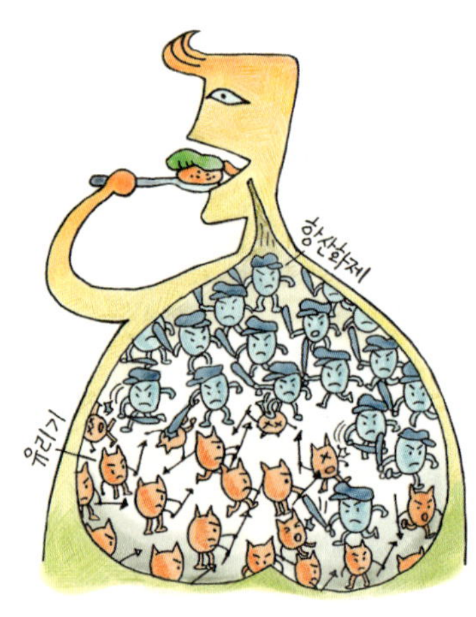

우리 몸 세포 속에서는 밤낮 쉬지 않고 산화부담이란 전쟁이 일어나고 있습니다. 세포는 전쟁터와도 흡사합니다. 몸 안에서 일어나는 전쟁이니 내란이라 말할 수 있습니다. 이 전쟁터Battle Ground 에는 유리기Free Radical들이 우리 몸을 해치는 적군Enemy이 되겠고, 음식을 통해 공급된 항산화제Antioxidants들은 우리의 몸을 보호하는 아군이라 볼 수 있겠습니다.

식이요법이란 항산화제란 새 군대를 매일 식단을 통해 전쟁터로 보충해 주는 것입니다. 이렇게 해야 축적된 유리기들은 물론이고 새로 생성되는 유리기도 미연에 막을 수 있는 것입니다.

콜레스테롤도 유리기에 의해 공격 받기 전에 보호할 수 있습니다. 산화부담으로 이미 상처입고 죽어가는 세포들도 치료해주고, 회복시켜 줍니다. 우리의 아군인 항산화제가 승리하면 산화 부담에서 해방되고 성인병을 초전박살, 승리의 개가를 부르게 됩니다. 성인병은 이래서 치료와 예방이 가능한 것입니다.

우리가 섭취하는 식품 중 신선한 과일과 채소, 씨 맺는 모든 열매 등에 7,000여 가지가 넘는 항산화제들이 골고루 분포되어 있습니다. 이들을 지혜롭게 섭취하면 제각기 협력하여 평화전선을 구축, 각 세포내 전쟁터에 평화가 깃듭니다.

세포들이 기쁘고 즐거운 〈산화해방〉의 승전가를 심포니로 연주하게 됩니다. 계시록에는

"강 좌우에 생명나무가 있어 열두 가지 실과를 맺고, 그 나무잎사귀들은 만국을 소성Healing하기 위해 있더라." (계시록 22장 2절)
라고 기록되어 있습니다.

온몸이 소성할 때 영도, 마음도, 육신도 상쾌해집니다.

음식은 하나님의 축복입니다. 놀라운 하나님의 사랑의 선물입니다. 하나님께서 식물 속에 미리 준비해 두신 항산화제 중에 중요한 몇가지만 예로 살펴보겠습니다.

우리가 섭취하는 식품중, 신선한 과일과 채소, 씨 맺는 모든 열매 등에 7000여 가지가 넘는 항산화제들이 골고루 분포되어 있답니다. 색이 진하면 진할수록 더욱 좋습니다.

첫째로 비타민C는 가장 많이 알려진 항산화제입니다.

이 비타민C는 물에 잘 녹는 성질이 있습니다. 그리고 수분이 많은 세포 안에서 산화방지 임무를 수행합니다. 군대로 치면 해군에 해당합니다.

비타민C는 수분 함량이 높은 신선한 청과에 풍부합니다. 그러나 열에 대단히 약합니다. 열처리로 가공한 식품이나 주방에서 끓여 요리하면 대부분 손실됩니다.

두 번째로 중요한 항산화제는 비타민E, 또는 토코페롤Tocopherols을 꼽을 수 있습니다. 이는 기름에 잘 녹는 성질을 가졌습니다. 이 물질은 세포막이나 혈액 속에 기름을 운반하는 리포단백질Lipoproteins 같은 기름으로 조성된 조직을 보호합니다. 기름이 많이 포함되고 단단한 세포 조직을 잘 보호하니 군대로 치면 육군에 해당한다고 볼 수 있습니다. 이들은 식물성 기름이나 과일의 열매씨, 곡물의 씨눈 안에 아주 풍부합니다.

"온 지면의 씨 맺는 모든 채소와 열매 맺는 모든 나무를 너희에게 주노니 너희 식물이 되리라."(창세기 1장 27절)

하신 하나님의 말씀을 이제야 알게 됩니다.

옛날 재래식으로 짠 들기름이나 참기름은 요즘 정제한 식용유보다 색이 유난히 검습니다. 짙은 색을 내는 물질이 바로 토코페롤이 많이 포함된 것입니다. 색깔이 하얗게 될 정도로 정제해 상품화된 식용유에는 이미 토코페롤이 제거되어 있습니다. 이러한 이유로 가공식품은 생명을 잃은 음식입니다.

또 알아둬야 할 것은 비타민C와 비타민E는 서로 돕는 상승효과Synergy effect를 유지합니다. 한번 사용된 비타민E가 유리기와 싸워 이길 힘을 다 잃고 기진해 있을 때 비타민C가 옆에서 힘을 불어 넣어줘 재생Recycle시켜 줍니다. 그러므로 두 영양소는 빠뜨리지 않고 함께 섭취하는 지혜가 꼭 필요합니다. 신기하게도 협력하여 선을 이루는 진리가 영양학에서도 볼 수 있습니다(로마서 8 장 28절). 할렐루야!

다음으로 카로틴노이드Carotenoids라 불리우는 항산화제가 있습니다. 이물질은 다양한 색소로 되어 있습니다. 알려진 것만도 약 2,000여 종류가 넘습니다.

그 중에 홍당무Carrot나 노란 호박류에 많이 포함된 베타-카롯틴은 우리 눈의 기능을 돕는 비타민A의 역할도 함께 감당합니다. 토마토의 빨간 색소인 라이코펜Lycopen이나, 옥수수나 노란 호박의 색소인 루테인Lutein 등이 좋은 항산화제입니다.

색이 진하면 진할 수록 더욱 좋습니다. 이외에도 콩, 양파, 홍차, 부루커리, 적포도주, 포도씨 등에 널리 분포돼 있는 소위 후라보노이드Flavonoids도 천혜의 항산화제들입니다. 불란서 산 적포도주가 건강에 좋다는 이야기도 이때문입니다.

시편에 보면

"사람의 마음을 기쁘게 하는 포도주와 사람의 얼굴을 윤택하게 하는 기름과 사람의 마음을 힘 있게 하는 양식을 주셨도다." (시편 104장 15절)

하셨습니다. 이래서 음식이 약이요, 약이 음식이라고 한 철학자의 말도 일리가 있습니다.

심장질환Cardio Vascular Diseases에서 혈액 콜레스테롤 함량이 높을수록 위험도Risk가 증가합니다. 유사하게 핏속에 호모시스틴Homocysteine이란 물질의 함량이 높아지면 높아질수록 심장병에 걸릴 위험도 역시 높아집니다.

심장마비Heart Attack로 사망한 환자들의 혈액을 조사해 보면 호모시스틴 수치가 높습니다. 이 물질 자체가 유리기Free Radicals와 흡사해서 혈액 속에 있는 콜레스테롤을 산화 콜레스테롤Oxidized LDL - Cholesteol로 변화시킵니다. 이 물질은 또 혈관벽에 상처를 주며, 피를 응고시키는 성질이 있어 동맥경화증을 매우 빠른 속도로 촉진시키는 콜레스테롤보다 더 해로운 물질입니다. 콜레스테롤은 피해자이고 호모시스틴은 가해자인 셈이지요.

우리의 건강을 위해 혈액검사를 할 때는 꼭 호모시스틴도 함께 포함시키는 게 좋습니다. 심장병에는 콜레스테롤보다 호모시스틴이 더 해롭습니다. 콜레스테롤도 호모시스틴도 다 육식을 많이 할 때 몸속에 생깁니다. 그래서 하나님께서도

"채소를 먹으며 서로 사랑하는 것이 살찐 소를 먹으며 서로 미워하는 것보다 나으니라." (잠언 15장 17절)

라 하셨나 봅니다.

그럼 호모시스틴Homocystine이란 도대체 무엇이며, 왜 생기며, 줄일 수 있는 식이요법은 없을까 알아보겠습니다.

호모시스틴이란 단백질속에 메타오닌Methionine이란 아미노산Amino Acid이 엽산Folic Acid이라고 하는 B - 비타민이 결핍되었을 때 생기는 비정상인 대사물질Metabolite입니다. 이 물질이 몸속에 많이 축적되면 아주 불완전하고 성질이 급한 유리기로 행동합니다.

메타이오닌은 동물성 단백질에 많이 들어 있는 아미노산으로 사람에게 없어서는 안 되는 필수 아미노산Essential Amino Acid입니다. 동물성 식품, 특히 육류에 많이 함유되어 있습니다.

고기를 먹을 때 엽산이 결핍되지 않도록 각별히 유의해야 합니다. 이 엽산은 모든 푸른 채소나 과일, 특히 시금치, 무, 배추, 상추 등에 많이 포함되어 있습니다. 육식을 할 때 콜레스테롤, 항산화제, 메타이오닌, 그리고 엽산비타민을 꼭 염두에 두고 식단을 준비하는 주부님들이야 말로 현명한 영양학자들이십니다.

콜레스테롤도 육식을 할 때만 공급됩니다. 그래서 하나님께서도 육식을 할 때는

"무교병無酵餠과 쓴 나물과 아울러 먹으라." (출애굽기 12장 8절~10절)

하셨습니다.

임상실험 발표에 의하면 매일 400~1000미크론의 엽산을 섭취할 때 혈액의 호모시스틴 수치가 75%나 줄어드는 효과를 보았다 합니다. 이만큼 심장질환의 위험요인이 제거된 셈이지요.

또 이 엽산은 임신 중 육아의 중추신경 형성과 정상적 발육에도 절대 필요한 비타민입니다. 임신부가 엽산이 결핍되면 신경관 불구神經管 : Neural tube defect가 된 영아를 분만하게 됩니다.

이 병은 척추신경관이 형성되며 발육한 후 맨끝부분이 매듭을 짖지 못하고 열린 상태로 분만되는 경우를 말합니다. 북미에서만 매년 4~5만 명의 이런 불구아가 탄생된다고 합니다.

이런 차원에서 미국의 식약청(FDA)이나 캐나다의 보건성Health Canada은 모든 밀가루Wheat Flour나 아침식사 대용 씨리얼Breakfast Cereals을 제조할 때는 100그램당 140미크론의 엽산을 첨가Fortification하도록 권장하고 있습니다.

엽산을 잘 챙기는 식이요법을 당부합니다. 식품을 구입할 때Shopping 상표를 잘 살펴봐야겠습니다.

신선한 과일과 채소를 매일 충분히 먹으면 항산화제는 물론이고 엽산과 같은 수용성 B군 비타민 섭취도 함께 할 수 있어 유익합니다.

그러나 기억해야 할 것은 우리가 매일 필요한 항산화제인 비타민E 섭취량 400IU와 엽산 400미크론을 얻기 위해 시금치를 먹어야한다면 적어도 15kg이나 되는 분량을 먹어야 합니다. 따라서 매일 신선한 채소만으로는 충분하지 못합니다. 복합 비타민과 항산화제 보조식품Supplement을

함께 복용하는 것이 현
실적인 식이방법이라
하겠습니다. 건강 보조
식품에 관한 이야기는
다음에 너 사세히 실명
하겠습니다.

육식을 할 때는 콜레스테롤, 항산화제, 메타이오닌, 그리고 엽산
비타민을 꼭 염두에 두고 고기와 채소의 균형잡힌 식단을 준비
하는 주부님들이현명한 영양학자들이십니다.

한국 사람들은 삼겹살
을 즐겨 먹습니다. 꼭 채
소, 마늘, 파로 쌈을 싸
즐기는 모습을 볼 때 참 지혜로운 식이요법이 아닌가 하고 감탄하곤 합니
다. 이야말로 성경적입니다. 이스라엘 민족이 출애급하기 전 유월절
Passover에 고기를 불에 구워 무교병無酵餠과 쓴 나물과 아울러 먹도록 하
나님이 지시하셨습니다. 더욱 흥미로운 것은 먹다남은 변한 고기는 다음
날 먹지 말라고 신신당부하셨습니다.

"그 밤에 그 고기를 불에 구워 무교병과 쓴나물과 아울러 먹되 아침까
지 남겨 두지 말며 아침까지 남은 것은 곧 소화하라!"

출애급기 12장 8에서 10절까지의 말씀입니다.

고기가 변질되면 산화된 동물성 기름 안에 많은 유리기들이 생성되었
음을 의미합니다. 하나님의 식이요법은 참 지혜롭고 과학적입니다.

마. 심장병에는 오메가-3 지방산이 특효입니다

기름에는 사람을 살리는 기름이 있고, 죽이는 기름도 있습니다. 버터나

돼지기름처럼 실내 온도에서 응고되는 기름이 있는가 하면 참기름이나 콩
기름처럼 유동체의 기름이 있습니다. 기름을 조성하고 있는 지방산 탄소
분자들이 불포화Unsaturated상태에 있으면 실내온도에서 물처럼 유동체
가 되고, 포화Saturated상태에 있으면 버터처럼 고형되는 기름이 됩니다.

오늘날 한국 사람들이 명석한 두뇌를 가진것도 아
마 우리 조상 때부터 애용 해온 들깨기름의 혜택인
줄 알고 감사합니다. 지혜로운 식단으로 오메가 - 6
지방산과 오메가 - 3 지방산의 비율을 1:1로 균형을
잡아 우리 모두 성인병을 예방하고, 두뇌도 명석하
고 건강 장수하길 바랍니다.

지난 반세기 동안 심장병의 원인규명을 위해 많은 노력을 경주해왔습니다.

가장 널리 알려진 이론은 혈액 속에 지방과 콜레스테롤이 높으면 높을수록 심장병에 걸리기 쉽다는 이론입니다. 포화지방을 많이 섭취하면 LDL - 콜레스테롤이 Bad cholesterol 높아지고, 불포화지방을 많이 섭취하면 LDL - 콜레스테롤이 줄어든다는 이론이었습니다. 그래서 동물성 기름을 기피하고 식물성 기름을 선호하는 음식문화가 지난 반세기 동안 철저히 준수되었습니다.

그러나 이론은 옳지만 섭취방법이 잘못되었습니다. 이로 인해 오히려 더 많은 성인병을 유발시키는 원인이 되었습니다. 예를 들면 오랜 동안 너무 많이 기름으로 튀긴 음식을 즐겨왔고, 불포화기름인 식유를 포화시킨 마가린으로 만들어 남용했고, 더 심각한 문제는 불균형된 지방산을 오래 섭취한 고로 몸세포들의 지방산 조성도 불균형을 가져와 성인병의 요인이 더 증가되는 결과를 가져왔습니다.

불포화 지방산은 〈오메가 - 6(Omega - 6 fatty acids)〉와 〈오메가 - 3(Omega-3 fatty acids)〉란 두 종류의 지방산군이 있습니다. 둘다 우리 몸 세포들의 자가치유 기능을 유지하는데 절대적으로 필요한 지방산들입니다. 이들은 몸에서 스스로 생산할 수 없어 반드시 음식을 통해서만 공급될 수밖에 없습니다. 그래서 이들을 필수지방산Essential Fatty Acids이라 칭합니다. 우리 몸세포들은 이 두 필수 지방산들의 비율이 1:1일 때 제일 좋습니다. 비율이 높으면 높을수록 심장질환에 걸릴 위험성Risk이 커집니다.

우리가 먹는 식용유 속에는 너무 많은 오메가 - 6 지방산을 포함하고 있는데 비해 오메가 - 3 지방산은 아주 희귀합니다. 식용유 중에 콩기름, 유채기름 또는 참기름에는 오메가 - 3 지방산이 아주 적거나 거의 결핍되어 있습니다. 반면에 오메가 - 6 지방산은 지나치게 많습니다(40 - 80%). 이런 결과로 우리의 몸세포들은 오메가 - 6 와 오메가 - 3 지방산 비율이 30:1로 균형을 잃어 가고 있는 실정입니다. 이런 몸의 체지방산 조성은 먹는 기름의 지방산 조성을 닮아가기 때문입니다. 빨리 1:1의 비율로 내려야 하는데. 적절한 식이요법이 절실히 시급합니다.

그래서 캐나다 보건성Health Canada은 1990년부터 오메가 - 3 지방산을 하루에 칼로리 섭취Energy량의 최소한 0.5% 이상을 오메가 - 3 지방산으로 대체 섭취할 것을 권장하고 있습니다. 이는 하루 1.2~2.0그램에 해당됩니다.

깊은 바다 생선에서 나는 어유Fish oil나, 들깨기름Perilla oil, 카나다에서 생산되는 아마유Flax oil에 오메가 - 3 지방산이 풍부(40~50%)하게 함유되어 있습니다. 콩기름Soybean oil과 카놀라Canola 기름에도 약간(8~10%) 포함되어 있어 하루의 요구량인 1.2~2.0그램은 쉽게 식단만으로도 해결할 수 있습니다. 캡슐형태인 건강보조식품으로 대용하는 손 쉬운 방법도 있습니다.

그러나 오메가-3 지방산은 불포화 지방산으로 열을 가하든가, 공기에 접촉한다든가, 햇빛이나 불빛에 오래 노출되면 산화되기 쉽습니다. 들기름이나 아마유를 사용할 때는 저온압착Cold-press으로 짠 것을 불투명한 병이나 그릇에 담아 저온에 보관하여 사용할 것을 권합니다. 정제Refine 하지 않은 기름에는 항산화제가 많이 포함돼 있어 오메가-3 지방산을 잘 보호해 줍니다. 정제한 기름에는 항산화제가 이미 제거되었거나 손실돼 있어 산패Oxidation 되기 쉬워 오히려 산화부담을 더 가중시킬 가능성이 있습니다.

주부님들은 식용유를 구입하실 때 항산화제Antioxidants의 포함 여부를 라벨Label에서 잘 읽고 구입하시길 권장합니다.

오메가-3 지방산은 필수 영양소입니다. 그 역할도 다양합니다. 오메가-3 지방산을 매일 섭취하면 혈압이 잘 조절되고 호모시스틴 양도 줄어들고, 혈관벽을 튼튼히 보호하고, LDL은 줄이고, 대신 HDL은 높여 주고, 콜레스테롤의 산화를 방지하여 동맥경화를 예방합니다. 당뇨환자들의 혈당조절에도 유익합니다, 심장박동을 조절한다는 등 새로운 연구 논문들이 쉬지 않고 발표되고 있습니다.

이런 맥락에서 볼 때 오메가-3 지방산은 산화 부담Oxidative stress으로 오는 모든 성인병 치료와 예방에 아주 유익한 필수 영양소라 하겠습니다.

오메가-3 지방산은 성인병 예방치료뿐만 아니라 우리의 두뇌 발달에도 중요한 영양소입니다. 오늘날 한국 사람들이 명석한 두뇌를 가진 것도 아마 우리 조상 때부터 애용해온 들깨기름의 혜택일 것으로 추정합니다. 지혜로운 식단으로 오메가-6 지방산과 오메가-3 지방산의 비율을 1:1로 균형을 잡아 우리 모두 성인병을 예방하고, 두뇌도 명석하고 건강 장수하시길 바랍니다.

"사람의 얼굴을 윤택하게 하는 기름과 사람의 마음을 힘있게 하는 양식을 주셨도다."

시편 104장 15절의 말씀입니다. 지혜로운 식이요법으로 윤택한 얼굴과 힘있는 삶이 되시길 기원합니다.

2. 고혈압

혈압이란 심장이 박동할 때 동맥 혈관벽에 미치는 압력의 힘을 말합니다. 심장근육이 수축할 때 일어나는 압력을 시스톨릭 압력Systolic pressure이라 하고, 심장근육이 이완Expand될 때 남아 있는 압력의 힘을 디스톨릭 압력Dystolic pressure이라 합니다.

시스톨릭 120~130mmHg와 디스톨릭 80~85mmHg를 정상 수치로 잡아 그 이상 수치로 올라가면 고혈압Hypertension으로 간주합니다. 140을 시작으로 160~180을 넘으면 고혈압의 최종단계인 위험 수위를 훨씬 넘어 섰다고 봐야 하겠지요.

고혈압의 가장 큰 요인은 유전으로, 그 다음은 식생활과 환경으로 보고 있습니다.

북미에서 고혈압 환자들이 쓰는 약값만도 연 100억 불이 훨씬 넘고, 앞으로 5년내에 배로 증가할 것으로 예측한답니다. 큰 치료비에도 불구하고 효과를 보는 환자수는 불과 27% 미만이라 합니다. 현재로는 치료 방법이 없다고 보아야 합니다. 5mm의 혈압을 줄일 때마다 심장질환으로 사망할 위험성을 40% 이상 감소시킨다고 합니다. 심장질환을 예방하는데 혈압조절은 아주 중요합니다.

고혈압은 동맥 혈관 내벽의 기능저하Endothelial dysfunction, 혈관의 탄

력성 감소, 인슐린 저항Insulin Resistence, 혈당량의 상승, 신장Kideny의 기능장애, 혈액응고로 인한 혈전증Thrombosis, 혈액 지방량의 상승 Hyperlipemia 등을 가져옵니다. 치료 없이 장시간 지나면 심장마비Heart attack, 뇌졸중Stroke 및 신장병Kidney

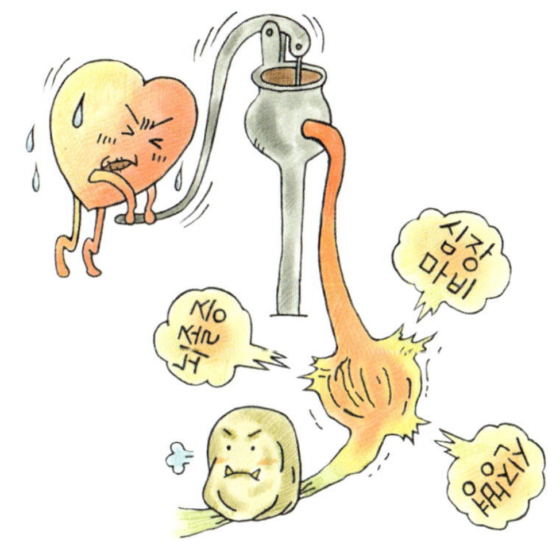

failure으로 발전할 확률이 점점 커집니다. 더욱 주목할 것은 비대증Central obesity으로 인해 증상이 더욱 악화됩니다. 따라서 고혈압은 적기에 치료해야 합니다.

고혈압은 파이프를 지나가는 수압을 파이프가 당해내지 못할 정도로 계속 증가되는 현상과 흡사합니다. 결국 압력을 감당하지 못할 때에는 파열되고 맙니다. 약으로 혈압을 조절해 줄 수는 있으나 완전 치료약은 없습니다. 복용을 중지하면 다시 고혈압으로 원상 복귀할 뿐입니다. 식이요법이 가장 좋은 방법입니다.

식이요법과 적당한 운동으로 혈압을 40%나 줄일 수 있다고 합니다. 그리고 몸무게를 줄이는 것이 효과적입니다. 짜지 않게 음식 요리를 하는 것도 혈압을 줄이는 방법이고, 음주를 줄이는 것이 중요하다 합니다. 몸안에 칼슘(Ca), 마그네슘(Mg), 칼륨(K), 비타민A와 C가 결핍되면 혈압이 상승합니다.

항산화제의 결핍으로 산화 부담이 증가할 때 고혈압의 증상이 나타납니다.

산화 부담으로 혈관 내벽에 상처가 생겨 염증반응을 일으킬 때 고혈압이 시작된다 합니다. 이때 항산화제인 비타민C를 충분히 공급하면 나이트릭 옥사이드Nitric Oxide란 물질이 다시 분비되어 혈압조절이 됩니다. 그래서 다양하고 충분한 항산화제를 매일 복용함이 고혈압 치료와 예방에 가장 효과 있는 방법입니다.

여러 항산화제 중에서도 〈Coenzyme Q - 10〉는 혈압을 내려줄 뿐더러 인슐린 저항증Insulin Resistence을 막아주고 혈당량과 혈지방량도 줄여주는 일석 이조의 효과가 있습니다. 비만증은 모든 성인병들을 발생시키는 데에 한 몫을 하기 때문에 몸무게 조절에 힘써야 할 것입니다. 특히 고혈압에는 더욱 그렇습니다. 몸무게를 줄이고 소금 소비를 줄이는 두 가지만 잘 실천하여도 6개월 이내에 혈압이 60%나 줄었다는 임상실험 보고도 있어 고혈압 환자는 이 점에 유의하길 권합니다.

혈압이 높은 분에게는 다음의 식이요법을 권해 보고 싶습니다.

하루에 소금 소비를 2g 이하로 줄일 것, 바나나 등 칼슘(K)이 많은 음식을 섭취할 것, 지방 섭취는 포화지방(동물성 기름)이 많은 음식을 피하

통계로 보아 비대증환자, 신장이 약한 사람, 유전으로 오는 고혈압환자, 또는 60세 이상의 노년층이 식염 민감도가 대개 높습니다.

고 오메가-3 지방산이 많은 바다 생선이나 들기름으로 하되 하루 60~70g 이상 넘지 않도록 할 것, 하루에 적어도 50g 이상의 섬유질을 섭취할 것 (채소, 과일, 정미하지 않은 곡물, 현미쌀 등), 단백질은 콩이나 어류 등으로 하루에 100~200g 정도로 충분히 섭취할 것, 가공하지 않은 탄수화물로 Whole Grains 하루 섭취량이 250g을 넘지 않게 하고, 마가린Hydrogenated Fats에 많이 들어있는 트랜스 지방산 Trans Fatty acids을 금해야 합니다.

소금 소비량과 고혈압 증세와는 민감한 상관관계가 있습니다. 소금 섭취량에 따라 혈압이 예민하게 상승하는 사람을 염분 민감도Salt sensitivity가 높다고 하고, 염분에 전혀 민감하지 않은 Salt resistance 고혈압 환자들도 있습니다. 일반적으로 고혈압 환자들의 50%가 염분에 민감한 부류에 속합니다.

통계로 보아 흑인, 비대증 환자, 신장이 약한 사람, 유전으로 오는 고혈압 환자, 또는 60세 이상의 노년층이 식염 민감도가 대개 높습니다. 사람마다 차이는 있으나 하루 평균 8~15g 정도의 소금을 섭취하는데 섭취된 소금이 쏘디움Sodium과 염소Chlorine로 분해 되면 약 3~6g의 소디움에 해당하는 양이 됩니다. 대략 30~50%는 음식물 자체로부터 오고, 나머지는 요리할 때 첨가한 소금에서 옵니다. 소금 섭취량의 50~70%는 주방에서 요리할 때 조절이 가능합니다.

또한 소금은 생리적으로 필수요소입니다. 식욕은 짠맛과 깊이 결부되어 있습니다. 식욕의 감퇴는 직접 영양 결핍을 가져옵니다. 소금은 혈액 성분의 혈장血漿과 같은 세포 외액細胞外液의 삼투압Osmotic pressure을 유지하는 데 절대로 필요합니다. 사람이 살아가는데 완전 무염식품Salt-free food은 불가능합니다. 하루 소디움 절대 요구량은 적어도 500~2,400mg입니다. 소금 없이는 살 수 없습니다.

칼슘Calcium은 혈압조절에 꼭 필요한 영양소입니다. 칼슘이 결핍되면 혈압이 상승하고 이때 칼슘을 투약하면 혈압이 내려가는 현상이 동물 실험으로 통해서 입증되었습니다. 칼슘은 혈관 수축작용을 조절하는 데 꼭 필요합니다. 하루 800~1,500 mg의 칼슘을 꼭 섭취하기를 권장합니다.

소금을 과대 섭취할 경우 몸속에 저장된 칼슘Calcium pool이 신장 Kidney을 통해 빠져 나가 칼슘 결핍을 초래하여 고혈압 요인을 제공합니다. 소금 자체가 고혈압을 올리는 것 이외에도 칼슘 손실로 혈압조절 기능을 잃는 셈입니다.

하나님만이 아십니다.

"여호와여, 주의 인자하심이 영원하오니 주의 손으로 지으신 것을 버리지 마옵소서."

라고 시편에 기록되어 있습니다.

나. 고혈압에는 들깨, 아마씨, 생선 기름이 좋습니다

오메가-3 지방산은 건강 유지를 위해 꼭 필요한 영양소입니다. 모든 성인병 예방과 치료에 효과가 있어 의학계의 총애를 받는 신기로운 영양소

중의 하나입니다. 고혈압의 예방
과 치료에도 예외는 아닙니다.

고혈압 환자에게 5.6g짜리 어유
Fish oil 캡슐을 장기 복용시켰더니
혈압이 내려가는 효과를 나타냈
고, 심장질환의 합병증의 환자일수
록 배나 그 효과가 컸다고 합니다.

체지방 중에 1%의 오메가 - 3 지
방산이 축적될 때마다 혈압이 평균

들깨를 통째로 살짝 볶아 하루에 한술씩(16g) 복
용하면 하루 최소 권유량의 배가 되는 3.0g의 오
메가-3 지방산을 복용하게 됩니다. 캐나다에서는
아마씨flaxseed도 같은 방법으로 사용이 가능합니
다. 근래에는 캐나다 북극에서 생산되는 물개 기
름도 캡슐로 복용하기 좋게 만들어 시판되고 있습
니다.

5 mHg씩 내려 간다는 발표가 있습니다. 우리는 매일 오메가 - 3 지방산을
정신 차려 찾아 섭취해야 합니다. 성인병 예방에 절대 필요하니까요.

불행하게도 우리가 일상 먹는 음식에는 대부분 오메가 - 3 지방산이 결
여 되어 있습니다. 이 영양소는 깊은 바다에 서식하는 생선이나 들깨 기
름에 풍부합니다. 한국에서 수입한 들깨를 통째로 살짝 볶아 하루에 한술
씩(16g) 복용하면 하루 최소 권유량의 배가 되는 3.0g의 오메가 - 3 지방산
을 복용하게 됩니다. 맛도 있고 해서 권유드립니다. 캐나다에서는 아마씨
Flaxseed도 같은 방법으로 사용해도 됩니다. 근래에는 캐나다 북극에서
생산되는 물개 기름도 먹기 좋게 캡슐로 만들어 시판되고 있습니다.

감람유Olive oil는 기름 중의 기름입니다. 성경에서도 건강 음식으로 기
록되어 있거니와 고혈압 조절에도 특효가 있습니다. 근간의 발표에 의하
면 감람유를 고혈압 환자에게 12개월간 투여한 결과 혈압이 48%나 줄었
다 합니다. 감람유에는 오메가 - 3 지방산은 없지만 폴리페놀Polyphenols

감람유에는 오메가-3 지방산은 없지만 폴리페놀polyphenols이란 항산화제가 풍부해 건강에 좋습니다. 성경에도 건강음식으로 기록되어 있거니와 고혈압 조절에도 특효가 있다고 알려져 있습니다.

이라고 하는 항산화제가 풍부해 혈압조절에 유효합니다. 혈압뿐 아니라 혈액내 LDL을 감소시키고 HDL은 증가시켜 심장질환에도 좋습니다. 감람유를 구입할 때는 〈Extra Virgin Olive Oil〉이란 표시를 확인하기를 권합니다. 정제하지 않은 자연 그대로의 기름이 좋습니다.

미국 영양사협회에서는 자연식품을 통해 혈압을 줄이면서 다른 성인병의 요인도 동시에 제거하는 식이요법 또는 DASH 다이어트Dietary approaches to stop hypertension을 고안해 고혈압 환자들에게 권장합니다. 가공하지 않은 자연식품으로 혈압조절과 암, 골다공증과 심장질환 위험요소를 동시에 줄이게 하는 다이어트 프로그램입니다. 가공하지 않은 곡물, 과일과 채소, 기름을 제거한 분유Fat-free milk, 닭고기나 생선과 각종 견과류Nuts를 골라 만든 식이요법입니다. 칼륨Potassium 4,700mg, 마그네슘Magnesium 500mg, 칼슘Calcium 1,240mg 등을 보장하는 식이요법입니다.

가공한 음식은 가급적 피하십시오. 가공식품은 식품의 생명(하나님의 형상)을 도적질 한 식품이요, 활력을 빼앗긴 위험한 식품이요, 해로운 화학물질로 대체한 식품이요, 병과 죽음을 빨리 가져오는 식품이요, 자양분이 결핍돼 만족감을 못주는 식품이요, 부족을 채우려고 과식을 초래하는 식품이요, 장기간 섭생으로 몸을 학대하는 식품이요, 결국은 병을 생기게 하는 식품입니다

바울은 말하기를

"모든 것이 가하나 모든 것이 유익한 것이 아니요." (고린도전서 10장 23절) 라 하셨습니다. 보기에는 같은 음식이라도 다 유익하지 않다는 말씀입니다.

3. 암

북미에서만도 1년에 150만 명 이상 새로운 암환자가 생겨 그중 38%가 죽어갑니다. 지난 20년간 250억 달러를 암연구에 투자했습니다. 그러나 암으로 인한 사망률은 점점 늘어가고 있습니다. 암퇴치는 치료Treatment 보다 예방Prevention이 우선이라고 암연구가들은 목소리를 높힙니다. 치료하기 전에 발암 요소들을 제거함이 우선이란 뜻입니다.

우리가 먹고 마시고 또 생활해온 주변에는 너무나 많은 발암 요소들이 산재해 있습니다. 인위적으로 오염된 화학물질이 6천만 가지가 넘습니다. 우리는 매일 이들을 가까히 접하며 살아가고 있습니다.

미국의 환경청(EPA)에 매년 1천 가지 이상의 새로운 화학물질이 등록되고 있다는 보고입니다. 이러한 화학 물질들은 공통점으로 우리 몸 안에서 산화 부담Oxidative stress을 증가시키는 일을 합니다.

전술한 바처럼 각종 암의 근본 요인은 산화 부담에서 옵니다.

산화부담의 핵심인 유리기Free radicals들이

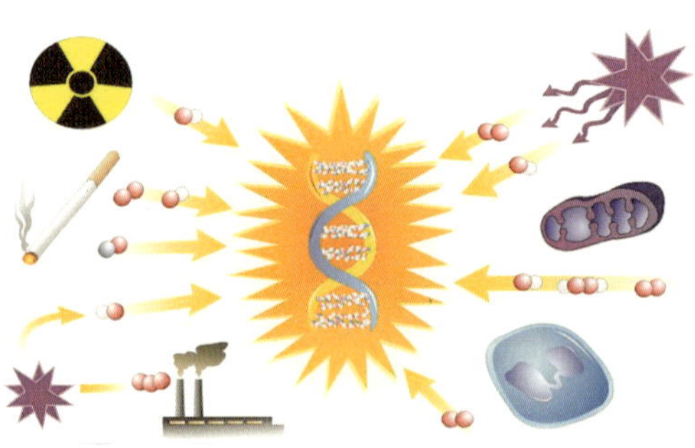

우리가 먹고 마시고 또 생활해온 주변에는 너무나 많은 발암 요소들이 산재 해 있습니다. 인위적으로 오렴된 화학물질이 환경속에 6천만 가지가 넘습니다.

세포핵 주변에 축적되어 있다가 세포의 핵 속에 핵산(DNA)들과 접속 반응하여 핵산기능이 변형됩니다. 세포 분열을 할때에 정상세포가 아닌 돌연변이Mutation된 비정상의 암세포가 만들어집니다. 이러한 비정상의 세포 즉, 변이된 세포들이 암의 시작입니다. 산화 부담이 장기간 계속되면 돌연변이된 세포들이 무한정 성장하고 몸의 각 장기로 번져나

가면 그 장기와 증상에 따라 암이 선고됩니다. 암은 단번에 생기는 병이 아니고 오랜동안 여러 단계Multistage Process를 거쳐 생기는 병입니다.

암이 발견됐을 때는 이미 수십 년간(10~20년)은 족히 지난 후라서 예방이 아닌 수술이나 약물 또는 방사선 치료 외의 선택은 없습니다. 때로는 이미 늦어 그나마 치료가 불가능한 소위 말기암 환자라는 선고를 받게 됩니다. 따라서, 암은 치료보다는 암의 근본 요인인 산화 부담을 제거하는 것이 제일 효과적인 예방입니다. 산화 부담에는 항산화제Antioxidants를 충분히 쉬지 말고, 계속 섭취하는 것이 최선의 예방이라 하겠습니다.

식이요법이란 우리 몸 안에 유리기와 항산화제들의 가장 적절한 비율로 지속되면 암의 시작부터 예방할 수 있다는 아주 쉽고도 안전한 논리입니다. 항산화제가 풍부한 과일과 녹색채소를 많이 섭취한 사람들은 종류

에 관계없이 모든 암발생 위험Risk을 크게 감소시킵니다.

"땅이 그 소산을 내었도다. 하나님 곧 우리 하나님이 우리에게 복을 주시리로다."(시편 67장 6절)
하셨습니다. 땅의 소산이 암 예방의 축복입니다.

나. 발암물질을 최대한 피해야 합니다

암 발생의 근본요인을 올바로 터득하면 예방은 물론 치료도 할 수 있는 다양한 식이요법을 선택할 수 있습니다. 유리기로 인한 세포의 핵산 파괴로 시작하여 악성종양Malignant tumor으로 까지 발전하기에는 여러 단계를 거치게 됩니다. 그 단계마다 식이요법으로 지연Delay, 정지Stop, 또는 회복Reverse 시킬 수 있는 기회가 있습니다.

초창기에 아직 양성Benign or precancerous tumor일 때가 제일 치료의 호기Opportune time입니다. 일단 악성 종양Malignant tumor으로 발전되어 암세포가 몸의 다른 부위로 옮겨지면 식이요법의 기회가 점점 희박해진다고 보아야 합니다. 식이요법은 암이 생기기 전, 또는 발생 초기가 가장 효과적입니다.

항산화제를 충분량 섭취한다면 산화 부담이나 핵산의 파괴도 없어 암도 생기지 않으니 최상의 방법입니다. 산화 부담으로 핵산 파괴가 됐을 경우 항산화제를 충분히 적기에 공급하면 파괴된 세포도 원상복귀가 가능합니다. 우리 몸의 세포들은 영양환경 여건만 좋으면Optimal 스스로가

치유하는 놀라운 능력을 지니고 있기 때문입니다. 이것이 식이요법의 근본 원리인 것입니다. 세포가 스스로 치료하도록 돕는 것이 우리의 책임입니다.

첫 난계로는 발암 물질을 밀리 하는 것입니다. 금연은 필수적입니다. 담배연기 속에는 수천 가지의 발암물질이 포함되어 있습니다. 담배가 타면서 생긴 유리기Free radicals들은 피우는 사람은 물론이고 연기를 접하는 주위 사람Secondary smoker들에게도 끔찍한 산화 부담을 제공하게 됩니다. 세계보건기구 (WHO)는 금연 운동을 세계적으로 펴나기로 결정했다니 참으로 다행한 일입니다. 흡연 인구가 적을 수록 암으로 죽는 인구

담배연기 속에 수천 가지의 발암물질이 포함돼 있습니다. 담배가 타면서 생긴 유리기들은 피우는 사람은 물론이고, 연기를 접하는 주위사람secondary smoker들에게도 끔찍한 산화 부담을 제공하게 됩니다. 담배 한 가치를 피울 때마다 적어도 20mg 이상의 VitaminC가 소모됩니다.

도 줄어듭니다. 흡연Smoking이 최대의 살인자로 알려져 있습니다.

한국 사람들은 비교적 덜 민감하지만 너무 오랫동안의 직사광선(일광욕)을 피함이 좋습니다. 햇빛 가운데 자외선을 많이 쪼이면 피부암의 요인이 될 뿐더러 몸의 면역성이 감퇴한다고 합니다.

그리고 식이성 지방의 과다 섭취를 피하는 것이 좋습니다. 특히 동물성

튀긴 음식에는 기름의 불포화 지방산이 산화oxidized
돼 많은 유리기를 포함하고 있습니다. 한번 쓴 기름
은 다시 쓰지 않는 것이 좋습니다.

지방이나 튀긴 음식은 더 그렇습니다. 튀긴 음식에는 기름의 불포화 지방산이 산화Oxidized 되어 많은 유리기를 포함하고 있기 때문입니다.

또 한번 쓴 기름은 다시 쓰지 않는 것이 좋습니다. 한번 쓴 기름의 70% 이상이 벌써 산화되어 있습니다. 저장했다 다시 쓰면 돈은 절약할 수 있겠으나 건강에는 아주 해롭다는 것을 염두에 두어야 합니다. 산화된 기름은 절대 금물입니다. 성경에서도 여러번 상한 기름을 피하라고 가르치셨습니다.

"스스로 죽은 것의 기름은 달리는 쓰되 먹지는 말지니라."(레위기 7장 24절)

"아침까지 남겨 두지 말며 아침까지 남은 것은 곧 소화하라."(출애굽기 12장 10절)

라고 말씀하셨습니다. 이는 먹다 남은 음식도 상한 듯하면 아까워도 불에 태워버리는 것이 더욱 유익하다는 하나님의 가르침입니다. 유리기의 횡포를 잘 아시는 하나님이 영양학 강의를 하신 것입니다.

살충제Insecticide나 제초제Herbicide 같은 농약들은 발암 물질로 알려져 있습니다. 세계 각국에서 수입되어 온 식품들을 우리는 매일 구입해다 먹는데 어느 것 하나 농약 없이 생산한 식품이 있겠습니까? 피할 수 없는 현실입니다. 이러한 맥락에서 농약 없이 재배한 소위 자연식품Organic food

들이 오늘날 유행하고 있습니다. 그러나 값이 비싸 서민층들에게는 그리 쉬운 해결책은 되지 못합니다.

숯검정처럼 탄 음식은 절대로 피해야 합니다. 여름철 바비큐가 한창 일 때 맛있게 양념한 갈비나 햄버거에서 까맣게 단 기름 덩어리를 자주 대하게 됩니다. 냄새나 맛은 참 고소합니다. 그래서 피하기가 그리 쉽지 않습니다. 하나 하나 제거하며 골라 먹기엔 시간도 걸리고 번거롭습니다. 그냥 먹게 됩니다. 그냥 보기에는 아무 이상 없는 듯합니다. 그러나 일단 몸 안에 들어오면 세포들에게 상처를 주는 유리기들이 됩니다. 이들이 발암 물질들입니다.

산화 부담이란 전쟁터에서는 이들이 무자비한 적군 Enemy이 됩니다. 세포를 마구 해칩니다. 세포가 잘 싸워 승리하도록 식이요법을 통해서 항산화제를 매일 계속해서 보충해 줘야 산화 부담이란 치열한 전쟁터에서

숯검정처럼 탄 음식은 절대로 피해야 합니다. 이들이 발암 물질입니다.

세포가 온전히 살아 남을 수가 있는 것입니다.

하나님은

"너희는 집을 짓고 거기 거하며 전원을 만들고 그 열매를 먹으라." (예레미아 29장 5절)

라고 하셨습니다. 열매는 우리의 식량이 되고 열매 속에 담긴 항산화제는

약이 됩니다.

다. 항산화제가 암에서 해방시켜줍니다

오늘날 우리가 살고 있는 환경은 헤아릴 수 없는 수많은 발암물질들로 오염되어 있습니다. 호흡하며 살아간다는 자체가 고도의 산화 부담을 줍니다. 불가피한 여건 속에 우리는 살고 있습니다. 사실 발암물질을 전부 피해 산다는 것은 불가능합니다. 때문에 우리 몸에 천혜의 면역성Immunity과 항산화 능력Antioxidant Potential을 최대로 강화Enhence시키는 것이 최선의 방법입니다.

첫째로는 건전한 식이요법입니다.

하루에 적어도 2~3번Serving size의 과일(사과 하나가 한 써빙의 분량)과 3~5번의 신선한 채소(반컵이 한 써빙의 분량)을 매일 섭취한다면 암에 걸릴 확률이 50% 이상 줄어든다고 합니다.

둘째로는 동물성 기름인 포화지방Saturated fats을 가급적 피하고, 하루 35g이상의 섬유질을 섭취하는 것입니다.

셋째로는 보조식품으로 정제된 항산화제를 식사 후에 복용하면 암예방에 효과가 있습니다. 대표적인 항산화제인 비타민C 와 E, 그리고 베타카롯틴을 식사 후 별도로 20주 동안 복용했더니 산화 부담에 의해 파괴된 핵산량이 크게 감소되었다는 연구보고가 있습니다. 특히 흡연가들에게 효과가 크다고 합니다.

다음과 같은 실험발표를 참고하시기 바랍니다.

1) 200mcg의 셀레니움Selenium을 복용하면 74%의 전립선 암prostate cancer, 60%의 직장암Colon cancer, 30% 의 폐암Lung cancer에 걸릴 위험을 줄일 수 있다고 합니다.

셀레니움은 우리 몸 안에 있는 구루타지온Glutathion이란 항산화 장치 Antioxidant system를 효율성 있게 도와 줌으로 산화 부담을 미리 제거해 주는 작용을 합니다.

2) 폴산 또는 엽산Folic acid이라고도 하는 수용성 비타민은 직장암 예방에 효험이 높습니다. 폴산 결핍은 발암요인과 밀접한 상관관계가 있습니다. 하루 권유량은 200mcg 정도입니다.

3) 비타민C, E, A와 베타카롯틴Beta - carotene은 대표적인 항산화제들로써 암예방에 특효가 있습니다. 이들을 한 가지씩 복용함보다 여러 가지를 함께 복용할 때 더 좋은 상승Synergy 효과를 볼 수 있다하니 협력하여 선을 이루는 격입니다.

4) 비타민E와 칼슘Calcium을 함께 복용할 때 직장암에 걸릴 위험부담을

유의성 있게 감소시켜줍니다.

5) 바오후라보노이드Bioflavonoid란 과일과 채소에 풍부한 천혜의 항산화제 들로서 암종양의 성장을 저지Delay시키는 데 아주 좋은 효험이 있다 합니다. 암 종양으로 흐르는 혈관조성Vascularization을 지연Delay시키는 역활을 하는 것으로 알려져 있습니다.

6) 코엔자임 큐10Coenzyme Q10 또는 유비퀴논Ubiquinone이라고도 칭하는 항산화제는 지용성Fat soluble 물질로 세포 내에서 기름이나 탄수화물을 열량Energy으로 태워 주는 효소들을 도와주는 일종의 조효소 Coenzyme입니다. 세포 내에 발전소에 해당하는 마이토콘드리아 Mitochondria는 많은 양의 유리기를 생성합니다. 이때 코엔자임 큐10이 유리기를 중화시켜주는 항산화 역활을 담당하게 됩니다.

CoQ10은 암종양의 성장율을 분명하게 줄일 뿐 아니라 이미 성장한 암종양이 퇴행Regression되는 효과를 볼 수 있다고 합니다. 세포들의 자가치유Self healing 능력을 높혀 면역기능Immune system을 크게 도와 주는 영양소로 알려져 있습니다. CoQ10은 보조식품으로 시장에 많이 보급되어 있습니다. 복용하기 쉽도록 만들어져 있어 권장합니다.

항산화제들은 모두 씨맺는 채소와 열매에서 뽑아 농축해 만들어 팝니다. 하나님이 가라사대 "그 실과는 먹을 만하고 그 잎사귀는 약 재료가 되리라."(에스겔 47장 12절) 선포하셨습니다.

이 항산화제들은 모두 씨맺는 채소와 열매에서 뽑아 농축해 만든 것입니다. 하나님은

"그 실과는 먹을 만하고 그 잎사귀는 약 재료가 되리라."(에스겔 47장 12절) 고 선포하셨습니다.

라. 천혜의 자가치유 능력을 회복시켜야 합니다

암의 초기나 종양의 성장 도중 항산화제를 복용함으로서 산화 부담을 덜어주었고 이제 세포 내 핵산 파괴가 더 이상 일어나지 않도록 막아 주었습니다. 약해진 세포들의 회복을 도와주는 일이 남았습니다. 심하게 상처 입어 이미 전암상태Pre - cancerous에 있는 세포들의 기능을 회복시켜 줘야 합니다. 필요한 영양공급을 해주는 것입니다.

전암상태란 암의 상태로 변하기 직전의 세포군의 상태를 말합니다. 임상적으로 이와같은 상태가 오래 계속되면 암이 발생할 수 있다는 말이지요.

인도에서 발표된 임상실험에 의하면 구강암의 전 암증으로 알려진 백반증Leukoplakia 환자들에게 항산화제인 비타민A와 베타-카로틴Beta - carotene을 복용시켜 71% 의 백반증 환자가 치료됐다는 보고가 있습니다.

미국의 연구보고를 보면 베타-카로틴, 비타민C 와 비타 민E를 함께 복용한 환자들의 60%가 백반증 치료효과를 보았다고 합니다.

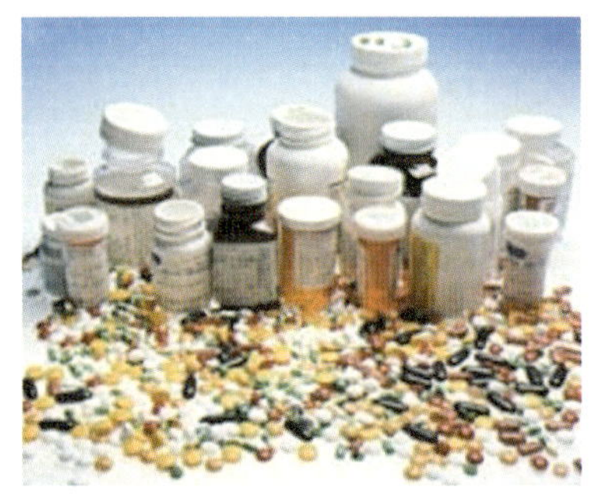

제일 필요한 것은 면역 기능인데 암세포를 잡는데 치중하다 보니 세포 스스로가 싸울 수 있는 기능을 다 빼앗기게 됩니다. 이때가 정상 때보다 항산화제가 더 많이 필요 할 때입니다.

실험동물인 비단털쥐Hamsters에게 인위적으로 구강암을 유발시킨 후 베타 - 카로틴, 비타민E, 글루타티온Glutathione, 비타민C의 종합 항산화제를 투여시켰을 때 치료가 됐다는 보고도 있습니다.

이 실험들은 산화부담으로 이미 상처입고 전암 상태로 진화된 후에도 항산화제들만 충분히 공급해주면 다시 원상태로 돌아올 수 있다는 좋은 사례들입니다. 암은 일찍 그 원인인 산화 부담을 항산화제 공급으로 제거하게 되면 세포들 자체가 지닌 치유능력으로 정상으로 회복될 수 있다는 증거들입니다.

비타민A, 비타민E, 베타 - 카로틴, 비타민C 등의 종합 항산화제를 장기 복용한 여성들은 자궁암 유발 위험이 아주 낮다고 합니다. 그 중 베타 - 카로틴 복용은 전암Cervical dysplasia 상태에서 자궁암으로 전이 발전을 예방시켜주는데 효과가 아주 크다고 합니다. 항산화 제거에 상승Synergy 효과를 줍니다.

식이요법의 주목적은 암을 예방하는데 있지만 이미 암으로 발전한 후에는 어떻게 할 것인가? 의사가 암으로 진단했을 때는 이미 발암과정Carcinogenesis의 마지막 단계에 있다고 봐야 합니다. 이런 상항에서 식이요법은 큰 효과를 기대할 수 없습니다.

이때 현대 의학은 소위 약물치료Chemotherapy나 방사선치료Radiation를 하게 되는데 말만 들어도 몸이 오싹 해집니다. 알아야 할 것은 약물치료 자체가 유리기들을 생성시켜 환자에게 산화 부담을 더 가중시킨다는 것입니다. 이때 항산화제를 함께 투여하면 더 효과가 있습니다.

그러나 유감스럽게도 현대 의학은 항산화제를 권장하지 않습니다. 현대 의사 선생님들은 항산화제의 식이요법을 경시하는 경향이 있습니다.

약물Chemotheraphy과 방사성 치료Radiation Treatment란 암세포만 죽이는 것이 아니라 정상세포도 함께 죽여 환자의 면역 능력을 쇠퇴시키는 결과를 가져옵니다. 이때 제일 필요한 것은 면역기능인데 암세포를 잡는데 치중하다 보니 세포 스스로가 싸울 수 있는 기능을 다 빼앗기고 맙니다. 이때가 정상 때보다 항산화제가 더 많이 필요합니다.

암 자체 때문보다는 약물과 방사선 치료의 충격 때문에 죽는 환자가 더 많다고 합니다. 암치료에는 고도의 영양공급을 해줄 수 있는 식이요법이 병행돼야 된다고 봅니다. 항산화제 외에 다른 필수 영양소들(종합 Vitamin / Minerals)을 함께 공급해야 합니다. 그래야 세포가 건강을 되찾아 암을 이겨 낼 수 있습니다.

성경 말씀에

"이사야가 가로되 무화과 반죽을 가져오라 하매 무리가 가져다가 그 종처에 놓으니 나으니라."(열왕기하 20장 7절)

했습니다. 식품이 약이요, 약이 식품임을 잘 말해 줍니다.

마. 과일과 채소 속에 있는 항산화제는 예방도, 치료도 해줍니다

지식과 믿음이 있어야 암 예방도, 치료도 할 수 있습니다.

우선 하나님이 주신 천연식품 속에 암의 시작부터 막아주는 항산화제

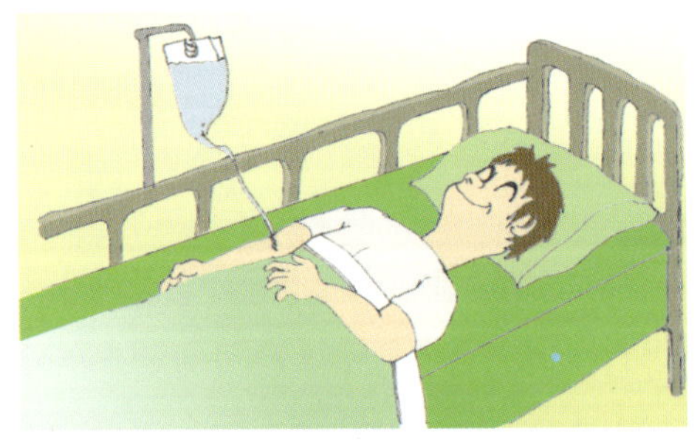

암치료에는 고도의 영양공급을 해줄 수 있는 식이요법이 병행돼야 합니다. 그래야 세포가 건강을 되찾아 암을 이겨낼 수 있습니다.

와 그들을 지원Enhance 해주는 수 많은 필수 영양소 Micro - nutrients들이 이미 준비돼 있다는 것을 아는 지식이 반드시 필요합니다.

또 이들을 지혜롭게 내 몸에 공급만 제때 잘해주면 암 예방은 물론이고 치료도 가능하다는 것입니다. 또한 씨 맺는 과일과 채소들에 항산화제들이 풍부하게 들어 있습니다.

다시 한번 강조합니다.

생명이 있는 한 신진대사Metabolism는 계속됩니다. 그리고 생명 작동의 부산물인 유리기는 계속 생성됩니다.

우리에게는 선택이 없습니다. 단지 우리가 할 일은 음식 속에 들어 있는 항산화제들을 지혜롭게 찾아 음식으로 공급시켜 이 불가피한 생명유지의 부산물들을 제때 제때 중화시켜 제거해줘야 합니다.

아뿔사! 항산화제 공급을 제때에 못해 주면 우리 몸의 세포들은 유리들

의 공격으로 상처투성이가 돼 치유기능을 상실합니다. 암세포를 방어할 능력도 치료할 능력도 잃게 됩니다.

항산화제들을 잘 알아서 공급해 주면 유리기들의 생성을 최소화하고 제거됩니다. 다른 필수 영양소들을 함께 공급해 주면 이미 파괴된 세포들의 상처는 아물게 됩니다. 암치료 도중에도 이 식이요법을 병행하면 산화 부담을 감소시켜 줍니다. 약물 또는 방사선의 상처를 입은 정상 세포들의 기능회복을 돕는 효과도 있어 암 재발Recurrence을 방지할 수 있게 합니다.

대부분의 약물치료나 방사선치료는 심한 부작용Side effects을 일으켜 때로는 치명적 고통을 감수해야 하는데 비해 항산화제는 장기 복용해도 부작용이 없어 안전합니다.

항산화제 식이요법은 세포 내에 축적돼 있는 유리기들을 깨끗이 청소해 몸 세포들의 산화부담을 덜어준다는 이론입니다. 암이 발생하기 전은 물론이고 암이 발병한 후에도 충분한 항산화제를 복용하면 암치료에 효과가 있다는 말입니다.

오늘날 암전문의Oncologist들은 약물치료나 방사선 치료를 우선으로 하고 있어 항산화제와 필수영양소 공급을 통한 세포들이 기능회복을 촉진해주는 세포 영양

식이성 식품 중 80%가 암과 항산화제와의 관계를 강조하고 있는 실정입니다. 약 7천가지가 넘는 자연 항산화제들이 씨 맺는 채소, 과일, 그리고 곡물 속에 골고루 들어 있다고 합니다.

Cellular nutrition을 소홀히 하는 경향이 있지 않나 생각합니다.

지난 십여 년 사이에 기능성식품Functional foods이란 용어도 새롭게 나타나 크게 산업화되었습니다.

기능성 식품이란 성인병 예방이나 건강을 촉진하는 요소가 특출하게 포함된 식품을 칭하는 말입니다. 북미의 연간 총 식품산업이 5천억 달러쯤 되는데 약 30~40 % 정도가 기능성 식품화되고 있고, 해마다 증가일로에 있습니다. 그중 약 1/3은 주로 항산화제를 다루는 식품들로서 성인병 예방을 강조claim하고 있습니다.

식품을 구입할 때 성분표를 자세히 읽으십시오.

캐나다 식품법에는 2003년부터 모든 식품에는 성분표를 반드시 붙여 팔도록 의무화했습니다. 식이성 식품 중 80%가 암과 항산화제와의 관계를 강조하고 있는 실정입니다. 약 7천 가지가 넘는 자연 항산화제들이 씨 맺는 채소, 과일, 그리고 곡물 속에 골고루 산재해 있다고 합니다.

암이 발생하기 전에 이미 예방과 치료의 길을 열어 놓으신 창조주의 철저한 사랑의 배려라 아니할 수 없습니다(창세기 1장29절). 세포배양 실험이나 동물실험을 통해서도 항산화제가 유리기 들의 공격을 피할 수 있게 하고, 암의 주원인인 핵산 파괴를 방지한다는 증거들이 속속 증명되고 있습니다. 그러나 항산화제로 암치료가 가능한가에 대한 확실한 임상실험 수치는 더 많은 연구가 필요한 실정입니다.

바. 어느 날 갑자기 내게도 직장암이 찾아왔습니다

개인의 경험과 소견을 피력해서 송구하지만 필자도 10년 전 의사 선생님으로부터 〈직장암〉의 선고를 받아 투병생활을 했던 경험이 있습니다.

의사가 가장 꺼려 하는 일은 환자에게 "암 입니다." 라고 진단결과를 통보할 때라 합니다.

〈암〉이란 병은 왠지 심히 기분 나쁜 병명입니다. 두려움을 안겨주는 병입니다. 의사 선생님은 내게 큰 죄라도 진 것같이 조심스럽게 입을 열었습니다. 굳은 얼굴 표정과 동정어린 얼굴로 보아 짐작이 가는 분위기였습니다. 판사 앞에 선 죄인의 심정이 아마 이와 같으리라 생각해 봅니다.

"직장암입니다. 수술을 빨리 하셔야겠습니다".

듣는 순간 세상이 끝나는 것 같았습니다. 암에 걸리면 당장 죽는 줄로 생각할 때였습니다. 두려웠습니다. 한동안은 나 혼자만 알고 있어야 했습니다.

외로움이 다가왔습니다.

"왜 나에게 암이?"

"하필이면 왜 나야?"

투정하는 심사도 생겼습니다. 나 혼자만 당해 억울하다는 심사도 생겼습니다. 순간 순간 착잡한 마음 속에 여러가지 영상들이 주마등처럼 지나 갔습니다.

의사 선생님의 말씀이 수술은 가급적 빨리 하는 것이 좋다고 했습니다.

수술 후 암세포들의 번진 범위와 깊이에 따라 약물치료나 방사선 치료를 결정한다고 했습니다. 암세포가 직장 조직에 상피층Epitherial에 국한해 있으면 수술만으로 치료가 가능하답니다. 그러나 근육층Muscle과 근육층을 넘어 임파선Lymph까지 퍼졌다면 새 암세포를 죽이기 위해 약물치료와 방사선치료를 해야 한답니다. 머리가 다 빠지도록 고통스러운 과정을 겪어야 했습니다. 독물과 방사선을 몸 안에 투약해서 그 독성으로 세포를 죽이는 치료입니다. 그리되면 암세포도 건강한 세포도 똑같이 죽습니다.

암세포 100개가 죽으면 성한 세포도 100개가 죽습니다. 머리가 빠지는 증상은 모근세포가 죽었다는 증거입니다.

두려움이 엄습해 왔습니다. 이때 할 수 있는 것은 기도 밖에 없었습니다. 직장암 수술은 잠깐 잠자는 사이 이루어집니다. 신기하고 감사한 것은 전신마취의 주사 한 대가 그 끔찍한 복개 수술을 느끼지 못하게 잠을 재워줍니다.

수술 3일 후에 조직검사 결과가 나왔습니다.

의사 선생님의 얼굴 표정은 무척 밝아 보였습니다. 적기에 암이 발견되었고, 수술도 빨리 할 수 있어 다행이라 했습니다. 조직검사로 보면 암세포가 상피조직을 넘어 근육조직에 막 접근해 오는 상황이었다 합니다. 2~3개월만 늦었어도 암세포가 전이Metastasis 되었을 것이라 합니다. 적기에 발견하여 불행 중 참 다행이라 했습니다. 약물치료나 방사선치료를 해야하는 처지를 모면했습니다.

저는 일생을 〈영양학〉을 가르치는 대학교수로 살아왔습니다.

몸은 먹는 음식대로 닮아 간다고 그렇게 학생들에게 강조하던 저였습니다. 얼마나 창피합니까? 아마도 지식이 없어서 암에 걸린 것이 아니라 지식을 버렸기 때문에 암에 걸렸나 봅니다.

하나님이

"네가 지식을 버렸으니……" (호세아 4장 6절)

라고 하셨습니다.

가족, 친지, 학생들을 어떻게 대하나 고민했습니다. 정말로 망하기 전에 지식을 되찾아야겠다고 단단히 생각했습니다.

아는 지식을 실천에 옮기는 것이 가장 중요합니다. 문제는 이제부터입니다. 재발을 막아야 합니다. 무엇이 잘 못 되었길래 내가 암환자가 됐는지 생각해 보았습니다. 하나님은 어떻게 생각하실까 생각했습니다.

원인을 터득하고 교정하기로 했습니다. 이제부터라도 시행하면 아직 늦지 않았고 재발을 예방해야겠다 생각했습니다. 이런 어리석은 실수는 절대 반복하지 말자고 다짐했습니다. 이래서 '암의 체험도 유익한 능력이 될 수 있다.' 라고 자위했습니다.

음식은 꼭 알고 먹기로 결심했습니다. 그래서 계속 10년 동안 항산화제를 통한 식이 요법에 주력해왔습니다.

이제 암 수술도 10년 전의 얘기가 되었습니다. 반가운 소식은 지난 해 6월 17일, 9주년 검진결과 암의 흔적이 없어졌다는 의사의 진단이었습니다. 검진한 의사 선생님도, 또 함께 일하는 간호원님들도 기뻐하고 축하해주었습니다. 어찌나 기쁜지 가벼운 발걸음으로 귀가했습니다.

감사합니다. 할렐루야!

"사람이 무엇으로 심든지 그대로 거두리라." (갈라디아서 6장 7절)

라는 말씀이 실감이 납니다.

우리 나라에 속담, "콩심은 데 콩나고 팥심은 데 팥난다."라는 말도 이 진리를 뒷받침해 줍니다. 건강의 씨를 뿌려야 건강의 결실을 거두는 것이기 때문입니다.

음식은 씨와 같습니다.

모든 병의 예방과 치료방법이 음식 속에 미리 준비되어 있고, 질병은 하나님의 자연법칙을 위반할 때 온다는 것을 터득했습니다. 잘못된 식생활 습관 때문에 세포의 변질이 오고 변질된 세포가 질병을 유발시킵니다.

생활습관을 고침으로 바로잡을 수 있습니다. 내가 변질시킨 세포는 내가 바로 잡아야 합니다. 의사가 할 수 있는 일은 변질된 세포들의 증세(병)들을 약으로 약화시키거나 수술로 제거 할 수는 있으나 병을 근절하는 치유는 할 수 없습니다.

성경말씀에

"사람이 만일 온 천하를 얻고도 제 목숨을 잃으면 무엇이 유익하리요."

(마가복음 8:36)

하셨습니다.

그렇습니다. 다시는 암이 재발해서는 않되겠습니다.

4. 당뇨병

당뇨병으로 고생하는 환자는 약 3천만 명에 달하며 그 숫자는 빠른 속도로 늘어나고 있는 추세입니다. 잘사는 선진국일수록 더 흔한 병입니다.

미국의 경우 지난 30년동안 (1970~2000) 무려 5배나 증가했답니다. 캐나다도 예외는 아닙니다. 전인구의 약 10%가 당뇨병 환자이거나 당뇨병 증세를 보이고 있는 준당뇨병Pre - diabetes 환자입니다. 60세 이상 노인층의 20%가 당뇨병 환자라 합니다. 특히 북미에 거주하는 다섯 사람 중 한 사람은 당뇨병에 걸릴 가능성이 있다고 합니다.

당뇨병에 걸린 성인 환자들의 80% 이상이 심장병, 각종 암 등 다른 성인병의 합병증으로 많이 죽습니다. 근래에 와서는 아동들Children도 Type II 당뇨병 증세가 놀라운 속도로 증가하고 있습니다. 이들의 85%는 비만증Obesity에 걸려 있습니다.

캐나다와 미국이 당뇨병 치료에 쓰는 비용만도 연간 100억 달러가 넘습니다. 이는 총 의료비의 15%에 해당합니다.

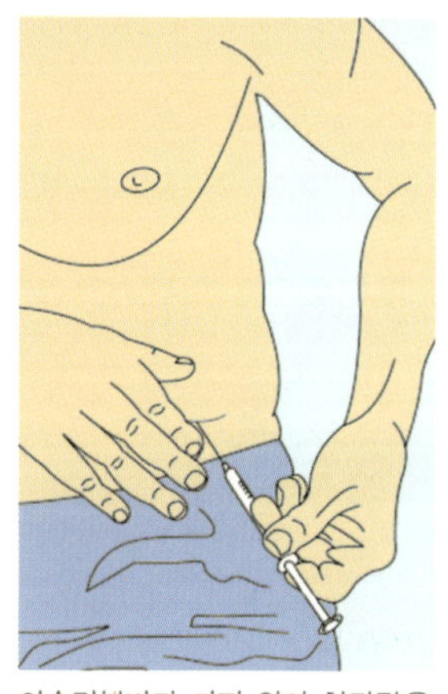

인슈린분비가 되지 않아 혈당량을 처리해주지 못해서 오는 Type I 당뇨환자들은 하루에도 몇 번씩 인슈린 주사를 해야 혈당이 조절됩니다.

당뇨병을 원인과 증상에 따라 세 종류로 분류됩니다.

첫째로 인슐린Insulin분비가 되지 않아 혈당량을 처리해 주지 못해서 오는 Type I 당뇨병입니다. 췌장Pancrease 조직이나 기능 손실로 인슐린 분비를 못하는 사람에게 해당되는 증상입니다.

우리가 음식으로 섭취한 탄수화물이 소화흡수되어 혈액 속에 들어온 당분Glucose을 신속하게 조직 속으로 운반처리 시켜주는 이 호르몬이 분비되지 않기 때문에 오는 병입니다. 하루에도 몇번씩 인슐린 주사를 자기 몸에 찔러줘야 살 수 있습니다. 이들은 전체 당뇨병 환자들의 약 5%에 해당됩니다.

둘째는 소위 Type II 당뇨병으로 인슐린 분비는 충분하나 혈당Blood Glucose 처리기능을 후천적으로 상실한 병입니다. 소위 인슐린 저항Insulin resistance이라고도 말합니다. 전체 당뇨병 환자들의 90~95%가 이 증상에 해당됩니다.

셋째로는 당뇨병 증상이 아직 나타나지 않은 소위 준당뇨병Pre - diabetes 입니다. 의사가 '당이 좀 높습니다' 할 땐 이미 준당뇨병 환자로 오랫동안 앓고 있음을 알아야 합니다. 미국에만도 준당뇨병 환자가 2천만 명으로 추정되고 있다 합니다.

당뇨병은 혈당 조절장애Glucose intolerance라는 단일 증상으로 혈당량 Blood sugar level이 180mg/dl이 넘으면 당뇨병환자로 간주됩니다.

당뇨병이 악화되어 혈당이 지나치게 높거나 반대로 혈당이 지나치게 낮아지면 뇌세포에 영양공급이 되지 않아서 의식 징애를 일으켜 심하면 혼수상태Diabetic coma에 빠지기나 죽음을 초래합니다. 더욱 중요한 것은 다른 성인병 증상의 합병으로 죽게 된다는 점입니다.

당뇨병은 고혈압, 동맥경화증, 신장병, 시력장해, 신경장해 및 오래되면 자가 치유Self healing기능을 상실해 작은 상처를 입어도 치유되지 않아 결국 팔다리를 절단Amputation하게 되는 경우도 허다합니다. 당뇨병의 원인과 치료 방법은 아직 확실하지 않지만 우리가 매일 먹고사는 식생활과 직접 관계가 있음은 분명합니다.

음식 중에 어떤 영양소들이 당뇨병을 유발 촉진시키는가와 이에 대한 예방 및 치료를 위한 식이요법에 대해 함께 알아봅시다.

나. 높은 혈당지수의 음식이 당뇨병을 가져옵니다

식사 후 음식이 소화되면 영양소들로 흡수되는데 그중 탄수화물(녹말)이 분해 흡수돼 포도당Glucose으로 혈액을 통해 세포 조직에 운반됩니다.

세포가 필요한 열량으로 쓰고 남은 양의 포도당은 기름으로 합성되어 체지방으로 저장됩니다. 포도당은 불을 피울 때 쓰는 불 쏘시개Fire Starter와 같아 손쉽게 열량으로 쓸 수 있습니다. 고로 혈액 속에 일정량을 항시 보유하고 있어야 합니다.

다른 체세포들은 기름이나 단백질 그리고 탄수화물을 모두 열량원으로 자유자제로 쓸 수 있지만 뇌세포Brain Cell는 포도당만을 열량원Energy Scource 쓸 수 있습니다.

혈당Blood Glucose량이 낮아 뇌세포로 공급이 않되면 뇌세포는 한순간도 살지 못합니다. 혈당량이 40mg/dL 이하로 내려가면 의식을 잃고 혼수상태에 빠지거나 죽게 됩니다. 그와 반대로 또 혈당이 180mg/dL 이상으로 높아지면 당뇨병의 위험이 있습니다. 그래서 우리 몸에는 일정한 범위 안에 혈당치를 조절 유지하는데 필요한 홀몬들이 받쳐줍니다.

혈당량이 높으면 혈액에서 빨리 조직 속으로 운반하여 열량으로 저장시켜 주는 홀몬인 인슈린이 있습니다.

혈당량이 너무 낮으면 조직 속에 저축되어 있는 기름이나 당원Glycogen을 혈액 속으로 뽑아다가 혈다량을 높혀주는 글루카곤Glucagon이란 홀몬이 있습니다. 이 두 홀몬이 서로 협력하여 혈당량의 평형Equilibrilum을 이루어 줍니다.

식사 후에 혈당량이 높아지면 췌장Pancreas에서 인슐린을 분비해 혈당량을 신속히 낮추어 주고, 반대로 혈당량이 너무 낮으면 역시 췌장에서 분비되는 글루카곤Glucagon이란 홀몬이 인슐린의 반대의 역할을 하여 혈당량을 다시 높여 혈당량을 80~120mg/dL의 한계를 넘어서지 않도록 평형

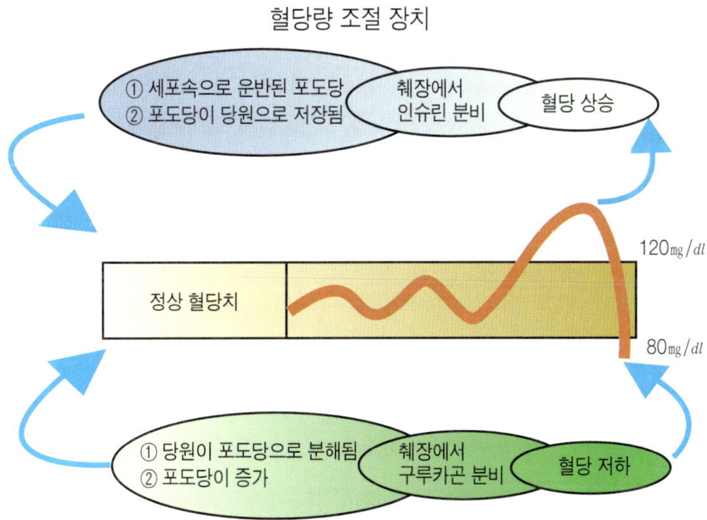

혈당이 40mg/dL 이하로 떨어지면 의식을 잃고 혼수상태에 빠지거나 죽게 됩니다. 180mg/dL 이상으로 높아지면 당뇨병의 위험이 있습니다. 정상 혈당량수치 120 - 80mg/dL의 한계를 넘어서지 않도록 평형 조절해줘야 합니다.

을 조절 유지 해줍니다. 혈당량이 높거나 낮거나 그 평형을 잃으면 생명이 위험합니다. 고혈당이 오래 지속될 경우 당뇨병 환자로 진단받게 됩니다.

무엇이 이 혈당 조절 기능을 마비시켜 혈당의 평형을 파괴시키는가, 그리고 당뇨병에 걸리게 하는가, 알아봅시다.

혈당은 음식으로 들어온 탄수화물이 소화흡수된 단당류인 포도당을 말합니다. 음식 속에 탄수화물은 그 분자의 크기에 따라 소당류Simple sugar와 복합당류Complex sugar가 있습니다.

소당류는 몇개의 단당류가 결합한 것으로, 식사 후 아주 쉽게, 그리고 빨리 분해 흡수됩니다. 이들은 빠른 속도로 단당류로 흡수, 혈관으로 운반됩니다. 또 빠른 속도로 혈당량을 높여줍니다.

그와는 달리 복합당류는 수없이 많은 단당류가 결합한 것들로서 소화되는 시간이 소당류에 비해 오래 걸립니다. 흡수도 역시 천천히 되고, 혈당치도 점진적으로 올라갑니다. 같은 양의 당분을 포함하고 있을지라도 소화하고, 흡수하는 속도에 따라 혈당 상승 속도가 결정됩니다. 음식들의 혈당 상승속도가 느리면 느릴 수록 당료병 예방에 유익합니다. 이 속도대로 구분한 음식들을 혈당지수Glycemic index라 칭합니다.

포도당Glucose의 혈당지수를 100으로 잡을 때 다른 음식들과의 비교수치를 말합니다. 수치가 낮으면 낮을수록 당뇨 예방에 좋습니다.

일반적으로 가공한 식품은 혈당지수가 높고, 가공하지 않은 자연 식품은 혈당지수가 낮습니다. 특히 과일, 채소, 콩, 통밀빵Whole grain 같은 식품들은 혈당지수가 낮습니다.

참고로 몇가지 음식을 예로 들어보면 다음과 같습니다.

포도당Glucose : 100

과당Fructose : 19

백설탕Sucrose : 61

흰밀빵White Bread : 71

호밀빵Whole rhy bread : 65

콘플레이크스 : 84

케이크Bakery goods : 67

감자Potato : 85

팥Peas : 48

옥수수Corn : 54

강낭콩Kidney Beans : 28

검정콩Black Beans : 20

녹두Green pea : 29

사과Apple : 38

벚찌Cherries : 22

귤Orange : 42

복숭아Peach : 28

홍당무Carrots : 47

혈당지수가 높은 음식을 먹으면 빠른 속도로 혈당량이 올라갑니다. 그리고 높은 혈당은 췌장Pancreas을 자극해 인슐린을 분비합니다.

인슐린은 혈당량을 줄여주는 일을 합니다. 혈당이 너무 낮을 경우에는 그와 반대로 역시 췌장을 자극해 글루카곤을 분비합니다. 이는 혈당량을 정상 수치로 다시 높혀 주는 일을 합니다.

만약 고혈당증이 너무 심하게 오랜기간 계속되면 인슐린이 자기 구실을 못하는 현상이 일어 나는데 이것을 인슐린 저항Insulin Resistence 증상이라고 합니다. 아직 그 원리는 과학적으로 확실히 규명돼 있지 않았으나 모세 혈관의 벽에 상처가 나 염증반응으로 통로가 막혀 혈액 속에 있는 인슐린이 세포조직에까지 미치지 못하는 것이 원인일 것이라고 추정하고 있습니다.

산화 부담으로 오는 혈관 내벽의 장애Endothelial dysfunction가 원인일 것이라고 추정합니다. 다른 말로하면 인슐린 저항Insulin Resistence이란 인슐린은 충분하지만 제구실을 못하는 불구의 인슐린이라 보면 이해가 빠릅니다.

손 쉽게 사 마실 수 있는 360ml 짜리 음료수 한 캔에는 백설탕이 40g나 녹아 있습니다. 이는 백설탕이 10 찻술Tea spoon에 해당합니다.

혈당을 제때 줄여 조절되지 못하는 병적 증상들을 모두 통틀어 의학에서 신드롬 X Syndrome X라 부르곤 합니다.

이 신드롬 X현상이 오래 지속될 때 성인 당뇨병Adult on-set type II diabetes으로 발전하게 되고 또 비만증, 고혈압, 고혈 콜레스테롤 등이 복합적으로 동반하게 됩니다.

또 다른 현상은 혈당량을 계속 유지하려는 속성이 생겨 납니다. 그래서 식욕Craving을 자극합니다. 손에 닿는대로 음식을 먹게 되고 특히 혈당지수가 높은 음식을 더 선호Claving하게 됩니다. 혈당지수가 높은 음식에 습관성 중독Addiction에 걸립니다.

우리 삶 속에 깊히 접근해 있는 소위 간식문화Snack Culture가 이를 잘 나타내 주고 있습니다. 오늘날 우리 주변에 젊은 이들이 선호하는 음료수들은 가장 혈당지수가 높은 위험한 식품입니다. 이것은 주재료가 설탕물입니다. 한번 마시면 또 마시고 싶어지면서 중독증세를 보입니다.

손 쉽게 사마실 수 있는 360ml짜리 음료수 한 캔에는 백설탕이 40g이나 녹아 있습니다. 이는 백설탕 10찻술Tea spoon에 해당합니다. 어른이나 아이들이 생각 없이 매일 마시는 설탕물입니다. 마실 때마다 혈당량은 하늘이 높다하고 치솟습니다.

북미의 예를 들면, 한 사람당 음료수 소비량은 하루 평균 2병에 해당합니다. 모든 음식품목 중에서 음료수Carbonated soft drinks가 가장 큰 설탕

공급원입니다. 그래서 물설탕 또는 Liquid Candy란 말로 그 심각성을 표현하기도 합니다.

실탕물 산업이 미국에만 연간 600억 달러 이상의 규모입니다. 콜라니 시이다 등 대표적인 음료수들입니다. 매년 늘어갑니다. 1978년에 일인당 하루에 평균 7온스에 불과했지만 2000년도 소비량은 3배로 늘었습니다. 당뇨병 환자 수도 5명 중 한 사람이었던 것이 오늘날은 3사람 중 한 사람 꼴로 늘었습니다. 음료수 소비량과 무관하지 않을 것입니다.

과다한 설탕 소비량이 우리의 건강을 해치고 있으니 우리가 마시는 음료수를 조심해야 합니다. 아무리 애들이 원해도 탄산음료마시는 것을 금해야 합니다. 어린이 당뇨Juvenile Diabetes가 급속도로 증가하고 있습니다.

혈당지수High glycemic index가 높은 음식을 피하는 것이 최상의 지혜로운 식이요법입니다. 음식은 혈당지수가 40이하이면 가장 좋은 음식입니다. 가급적이면 혈당지수가 60을 넘는 음식은 피하는 것이 지혜롭습니다. 현미쌀이나 정제되지 않은 통밀로 만든 음식과 신선한 과일과 채소를 선호하고 권장하는 이유가 여기에 있습니다. 이런 맥락에서 볼 때 요새 많이 선전되고 있는 소위 〈아트킨 다이어트〉Atkin's Low Carbs도 혈당지수가 낮은 음식먹기 운동이라 할 수 있습니다.

하나님은

"내가 지면의 씨 맺는 모든 채소와 씨 가진 열매 맺는 모든 나무를 너희에게 주노니 너희 식물이 되리라." (창세기 1장 29절)

고 하셨습니다. 가공하지 않은 음식으로 당뇨병을 예방해야 합니다.

다. 기름을 제거한 가공식품은 혈당지수가 높습니다

영양학은 근대 학문 중에서도 어린 학문에 속합니다. 대학에서도 영양학을 전공 학문으로 설정 받아 교육하기 시작한 지 불과 50년이 채 안됩니다.

학문에서도 오판Misunderstanding하는 수가 있습니다. 그 오판은 반증될 때까지 진리인 것처럼 인정받고 영양력을 행사하게 됩니다.

기름(지방분)의 진가는 오랫동안 왜곡된 한 예입니다. 특히 50~60년대 한창 심장병이 기승을 부릴 때 기름없는 음식을 먹으면 심장병을 예방할 수 있다고 믿었습니다. 그래서 기름 없는 음식Fat-free foods이 참 인기 있

는 음식이었습니다. 이 시대를 기름을 증오하는 시대, 영어로 Fatty-Phobia Era라고 불려질 정도로 기름을 철저히 배척했습니다. 그래서 저지방 식품Low-Fat Foods 또는 무지방 식품Fat-free Foods으로 가공된 음식을 건강 음식으로 알고 선호했습니다. 그 결과로 오늘 날 당뇨병과 비만증이 빠른 속도로 증가

된 요인 중 하나가 된 것입니다. 잘못된 개념들을 안 다음에는 빨리 바꾸어야 합니다.

첫 번째 오해는 기름을 먹으면 비대해진다는 생각이었습니다. 비대증은 기름 때문이 아니라 너무 많은 칼로리(열량)을 섭식할 때 잉여 열량이 축적되기 때문입니다.

두 번째 오해는 지방 대신 높은 탄수화물High - carbohydrate diet음식이 건강에 좋다는 생각입니다. 기름 있는 음식이라도 저열량Low Calorie음식은 비대증을 가져오지 않습니다.

세 번째 오해는 탄수화물 음식은 비대해지지 않는다는 생각입니다. 아주 잘못된 오해입니다.

음식으로 지방을 공급해 주지 않으면 그 반작용Feed back으로 몸은 지방을 더 많이 생산하려 노력합니다. 몸 안에서 탄수화물은 기름을 생산하는데 아주 손쉬운 재료로 쓰여지기 때문에 오히려 더 비대해질 수 있습니다. 몸에서 생성된 기름은 포화지방산Saturated fat임으로 몸에 이롭지 않다는 것도 알아야 합니다.

네 번째 오해는 탄수화물은 모두 동일하다는 생각입니다.

탄수화물은 아주 다양합니다. 가공된 음식은 대부분 복합 탄수화물Complex carbohydrate 특히 섬유질 등을 제거했기 때문에 혈당지수가 대단히 높아집니다. 곧 가공된 탄수화물은 쉽고 빠르게 흡수되고, 쉽게 기름으로 변해 비대증의 원인이 됩니다.

알아두어야 할 것은 기름에 녹는Fat - soluble 다양한 바이타민이나 오메가-3 지방산 흡수가 안되어 결핍증을 초래하기도 합니다.

맛있는 음식도 유익한가, 또는 해가 되는가, 알고 먹어야 합니다.

당뇨병을 포함한 많은 성인병에 박차를 가하게 되었습니다. 오랜동안 혈당지수가 높은 탄수화물을 편식하며 살아온 결과 성인성 당뇨병Type II Diabetes이 생겼습니다.

당뇨병은 하루 아침에 생긴 병이 아닙니다. 적어도 10~15년 동안 조금씩 발병 진화된 증상으로 돌이킬 수 없는 데까지 왔을 때 당뇨병의 증상이 나타나는 병입니다. 그간 무진장 소비되는 설탕물로 된 음료수가 오늘날 만연되는 당뇨병과 무관하지 않습니다.

성경 말씀에

"모든 것이 가하나 모든 것이 유익한 것이 아니요." (고전 10장 23절)

라고 했습니다. 음식은 유익한가 또는 해가 되나 알고 먹어야 합니다.

라. 당뇨병은 많은 합병증을 가져옵니다

당뇨병 환자들의 임상실험보고를 보면 식생활로 생긴 당 내인성 장애증Glucose intolerance 환자들의 몸세포나 혈액 속에는 항산화제Antioxidants가 극심히 결핍되어 있다 합니다. 이로인해 산화부담이 가중되어 당뇨병 환자들은 자연히 심장질환이나 망막증網膜症과 같은 합병증이 함께 나타난다고 합니다.

아직 당뇨병의 치료방법이 없기 때문에 당뇨병의 원인부터 교정해야 합니다. 우선 탄수화물을 줄이고, 혈당지수가 높은 음식을 철저히 피하고 충분한 양의 항산화제를 매일 섭취하면 초기 당뇨증상인 '당이 좀 높습니다.' 할 때 회복이 가능합니다.

당뇨환자가 항산화제 섭취를 게을리 하면 심한 산화 부담으로 합병증이 유발됩니다. 지용성Fat-soluble 항산화제인 리포익산Lipoic acid을 많이 섭취하게 했더니 합병증상의 하나인 망막증網膜症의 원인인 신경의 상처가 빨리 회복함을 관찰했다합니다. 또 미량 광물질Trace minerals인 크롬 Chromium을 복용시켰더니 인슐린 감수성Insulin sensitivity을 높여주었다 합니다. 크롬은 포도당 신진대사에 꼭 필요한 미량 광물질입니다. 북미에 사는 인구 중 90% 이상이 크롬 결핍증에 걸려 있다고 하니 당뇨병이 확산되는 이유를 알듯 합니다.

전술한 바처럼 흰밀가루로 정제Process한 음식들은 혈당지수가 높습니다. 흰 설탕과 대등할 정도로 혈당증가가 빠릅니다.

혈당지수가 높은 재료로 요리할 때는 반드시 혈당지수가 낮은 음식들과 함께 균형을 맞추어 요리해야 혈당 상승 속도를 지연시킬 수 있습니다. 혈당지수가 높은 밀가루도 콩, 통보리, 통호밀, 현미쌀, 사과, 콜리플라워 같은 채소와 함께 혈당 상승을 지연시킵니다.

좋은 기름과 단백질은 탄수화물의 소화 흡수를 지연 조절하는 데 효과적입니다. 이때 지용성 비타민과 오메가-3 지방산 섭취에 유의해야 합니다.

비타민E는 항산화제 중에 가장 널리 알려진 지용성 비타민으로 복용시 인슐린 감수성을 조절해주며 산화 부담을 덜어주고, 합병증세를 예방하는 데 효과가 높다고 알려져 있습니다. 몸에 비타민E가 결핍될 때 당뇨병에 걸릴 확률은 5배가 증가한다고 합니다.

마그네슘Magnesium은 몸 안에서 효소들과 산성을 조절하는데 중요한 역할을 하는 광물질인데, 당뇨병 환자들은 이 광물질이 결핍되어있다고 합니다. 마그네슘을 복용하면 심장질환이나 망막증상을 예방할 수 있습니다. 그 외에도 충분한 양의 수용성 항산화제로 알려진 비타민C, 비타민 B_6와 B_{12}들이 당뇨병 환자들에게 결핍되기 쉽습니다.

결론적으로 세포의 정상기능을 회복시켜 자가치유할 수 있도록 충분량의 필수 미량 영양소를 복용할 것과 복합 항산화제를 매일 복용 공급해 세포들로 산화부담에서 해방시켜 주는 일이 꼭 필요합니다.
세포들은 필요한 환경만 만들어 주면 스스로 치유하는 능력이 있습니다. 성경말씀에도
"나의 주는 물은 그 속에서 영생하도록 솟아나는 샘물이 되리라." (요한 복음 4장 13절)
하셨습니다. 생명이 솟아나는 영양분의 샘물을 잘 공급해줍시다.

5. 골다공증

골다공증이란 골의 단위 용적 내의 골량 감소를 초래하여, 경미한 충격에도 쉽게 골절Fracture을 일으키는 질환으로, 말 그대로 뼛속에 구멍이 많아져서 골밀도Bone density가 저하된 상태를 말합니다.

북미에만 골다공증 환자가 3천만 명이 넘는다 합니다. 그중 80%는 여성들입니다.

골다공증에 걸릴 확률은 50세 이상의 여자는 2명 중 1명, 남자는 8명 중 1명 꼴이랍니다. 매년 골절Fracture로 치료를 요하는 환자만도 150만 명이나 됩니다. 대부분 골다공증이 그 원인입니다.

골다공증은 심하면 척추뼈가 부스러지면서 참기 어려운 고통을 주는 병입니다. 심한 경우 100% 남의 손에 의존해야 생활할 수 있는 아주 무서운 병입니다. 이런 연유로 성인병 중 환자당 의료비 부담이 가장 비싼 병입니다.

필자가 거주 하는 알버타주의 200만 인구 중 20만(여자 15만, 남자 5만) 명이 골다공증 환자로 고생하고 있다는 통계입니다. 매년 증가추세에 있으며

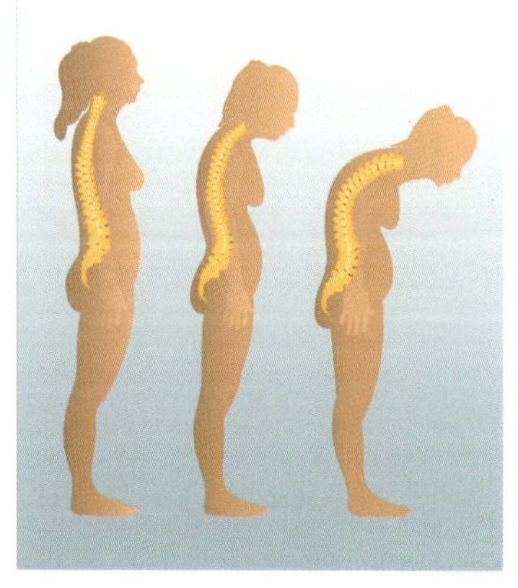

골다공증은 심하면 척추뼈가 부스러지면서 참기 어려운 심한 고통을 주는 병입니다. 심한 경우 100% 남의 손에 의존해야 생활할 수밖에 없는 아주 무서운 병입니다.

연간 치료비가 1억5천만 달러가 넘는다고 합니다.

골다공증이란 골화된 뼈의 양이 감소돼 뼈 조직이 파괴되어 스폰지처럼 구멍이 숭숭 뚫려 쉽게 부스러지는 상태입니다. 뼈의 크기나 용적은 같아도 질량 자체가 매우 낮아집니다. 이는 뼈의 노화Aging에 따른 현상입니다. 일반적으로 누구에게나 오는 노화는 어쩔 수 없지만, 골다공증이 연령에 비해 훨씬 빠르고 심하게 발생하는 것이 문제입니다.

골다공증 그 자체는 겉으로 그 증상을 나타 내지 않습니다. 자기도 모르는 사이에 나타나는 병이라 '조용히 찾아오는 살인자Silent Killer' 란 별명이 붙혀진 심각한 병입니다. 심할 경우 작은 충격에도 뼈가 부스러 집니다. 특별한 자각증상이 없어 '조용히 찾아온 살인자' 임을 뒤늦게 알게 됩니다. 이미 손쓰기에는 너무 늦은 때입니다.

골다공증은 골질의 중량Bone density으로 진단합니다.

정상뼈의 골질은 833mg / ㎠입니다. 골질이 648mg / ㎠ 이하로 낮아지면 골다공증Osteoporosis 환자로 진단Diagnosis합니다. 그 중간 수치를 넘나드는 사람들을 골결핍Osteopenia 현상으로 주로 50세 이상된 성인의 대부분이 여기에 속하므로 주의해야 합니다.

북미의 통계에 따르면 폐경기 여성의 약21%가 골다공증에 속하며 16%는 심한 골다공증 환자라 합니다. 80세 이상 고령 인구의 약 40%가 엉덩이뼈, 척추, 팔, 또는 골반뼈가 부서지는 경험을 한다고 합니다.

골질 손실Bone loss은 45세 이후의 여성과 50~60세 이후 남성에게 흔히 발생하는 노화현상이지만 골질이 너무 많이 소실 된 뒤에는 회복하기가 참 어렵습니다.

골다공증의 원인은 분명하지 않지만 성호르몬의 결핍과 비타민D와 칼슘부족 등으로 추정됩니다. 위험요소Risk Factors로는 노령, 여성, 운동부족, 비만증, 흡연, 칼슘결핍, 폐경Menopause, 난소절제 등을 들 수 있습니다.

골조직은 뼈를 만드는 세포Osteoblast와 뼈를 파괴하는 세포Osteoclast로 구성되어 있습니다. 그리고 뼈는 계속 자라면서 변형 개조됩니다. 따라서 뼈에는 신진대사를 충족 해주는 적절한 영양공급이 항시 요구됩니다.

골다공증을 미연에 방지하기 위해서는 성장기와 젊어서부터 뼈의 질량과 건강한 골질을 유지시켜주어야 합니다. 10~20대의 성장기에는 골 생성이 골 파괴보다 더 왕성합니다. 이 시기에 골질량을 최고치로 올리기 위한 적극적인 운동과 균형 잡힌 식사가 필요합니다. 젊은 여성들은 지나친 다이어트로 골다공증이 유발되는 경우가 있으므로 유의해야 합니다.

30대 이후부터 골질량은 1년에 4~

6%씩 감소합니다. 특히 직장인 대부분은 실내에서 앉아서 근무하는 관계로 운동부족과 일조량 부족으로 인하여 골질량 감소가 심합니다. 따라서 운동 및 균형 잡힌 식사가 필요합니다.

폐경 이후 10여 년은 골질량이 급격히 감소하는 시기입니다. 이 시기에 골질량 감소를 최대한 억제시켜야만 노년기 골절을 예방할 수 있습니다. 대부분의 노인들은 골다공증을 가지고 있으므로 골절을 예방하기 위한 여러 가지 방법들을 강구해야 합니다.

과거에 골절을 경험한 사람, 뼈의 칼슘밀도가 낮은 사람, 운동하기 싫어하는 사람, 편식하고 우유, 유제품, 콩, 멸치 등을 싫어하는 사람, 인스턴트 가공 식품을 자주 먹는 사람, 술, 담배를 하는 사람, 오랜동안 실내에서 앉아 일하는 사람, 폐경기 이후의 여성, 류마티스 관절염 환자, 위장병 환자, 당뇨병 환자 등은 극히 조심해야 합니다.

성경말씀에

"소리가 나고 움직이더니 이 뼈, 저 뼈가 들어 맞아서 뼈들이 서로 연락하더라."(에스겔 37장 7절)

라고 했습니다. 뼈와 뼈사이에 관절은 젊어서부터 잘 보호 해야 합니다.

나. 골다공증 예방에는 칼슘, 비타민D를 계속 복용해야 합니다

칼슘Calcium은 골다공증 예방에 가장 중요한 영양소입니다.

성인의 경우, 평균 하루 섭취량은 700mg 정도로 보고 있습니다. 이는 충분하지 못합니다. 따라서 배가 넘는 1500mg 이상을 섭취하도록 권장합니다. 성장기부터 칼슘 복용을 쉬지 않고 계속하면 성인이 돼서도 평균치

보다 약 7 %나 더 높은 뼈질량Bone density을 유지할 수 있습니다. 성인이 되어서도 칼슘과 비타민D를 계속 복용하면 골다공증 예방은 물론 골다공증으로 인한 골절상도 줄일 수 있습니다.

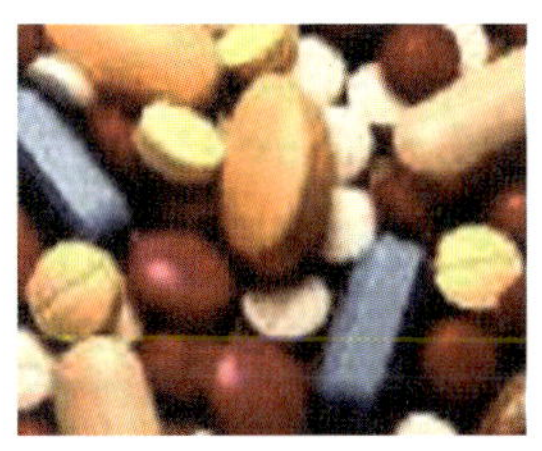

칼슘Calcium은 골다공증 예방에 가장 중요한 영양소입니다. 성인의 경우, 평균 하루 섭취량은 700mg 정도로 보고 있습니다. 이는 충분하지 못합니다. 따라서 배가 넘는 1500mg 이상을 섭취하도록 권유하고 있습니다.

마그네슘Magnesium은 뼈의 신진대사에 중요한 무기물 영양소입니다.

뼈를 만들어 내는 효소, 알카라인 포스파타아제Alkaline phosphatase를 촉진시키는 촉매제로 필요합니다.

칼슘을 뼈에 운반하고 저장을 돕는 비타민D도 마그네슘이 있어야만 제 구실을 할 수 있습니다. 마그네슘이 결핍되면 소위 비타민D 저항 신드롬에 걸립니다. 비타민D를 아무리 많이 복용해도 효과가 없는 상태입니다.

현재 북미 인구의 80~85%가 마그네슘이 결핍되어 있다하니 놀라운 일입니다. 아무리 비싼 비타민D와 칼슘을 복용해도 소용없게 됩니다.

다음은 망간Manganese이란 무기물이 있습니다. 뼈와 연골의 망조직 Connective tissue을 생성하는데 꼭 필요한 영양소입니다.

골다공증에 걸린 중년 여성들은 혈액 속에 이 망간Manganese양이 정상 수치에 25% 못 미친다고 합니다. 오늘날 고도로 가공한 식품 속에는 망간이나 마그네슘 같은 미량 무기물 영양소가 다 손실되어 결핍 상태입니다. 이런 맥락에서 볼 때 우리는 영양보조식품Nutritional Supplement으로 무기물 영양소들을 골고루 섭취하는 것이 가장 좋습니다.

요즈음은 값싸고 손쉽게 구할 수 있는 무기물 영양소들인데도 결핍되는 것은 주부들이 현명치 못하기 때문입니다. 상태를 유지하는 것이 우매한 현실입니다.

　기름에 잘 용해Soluble되는 비타민K는 뼈를 구성하고 있는 오스테오칼신Osteocalcin이란 단백질을 생성하는데 꼭 필요한 영양소입니다. 이 단백질은 뼈의 성장Growth, 변형Modification 또는 뼈의 재생Regeneration에 중요한 역할을 합니다.

　골다공증 환자들의 핏속에는 비타민K의 양이 정상인의 수치보다 35% 이하로 부족하다 합니다. 비타민K를 여유 있게 복용하는 것이 골다공증 치료와 예방에 도움이 됩니다.

　비타민D는 골다공증의 예방과 치료에 절대적으로 필수적인 영양소입니다. 칼슘을 아무리 많이 섭취해도 비타민D가 결핍되면 전혀 흡수되지 않습니다. 근래 발표된 논문 〈New England Journal Medicine〉에 의하면 메사추세츠 병원의 환자들을 조사한 결과 93%가 비타민D 결핍증에 걸려 있다고 하니 심각한 일입니다.

　비타민D는 우리 몸의 피부를 햇빛에 정기적으로 노출만 해도 충분히 생성되는 영양소입니다. 문제는 노쇠한 환자들이 야외 활동에 무관심한 것이 원인이라 하겠지요. 또 다른 이유는 흡수된 비타민D가 우리 몸 안에서 활성화Active된 비타민D$_3$로 변형해야 되는데 노화Aging로 그 기능을 상실한 때문이기도 합니다. 따라서 골다공 환자들은 활성화된 비타민D$_3$를 섭취하기를 권합니다. 종합 영양제를 구입하실 때에는 라벨Label을 읽어 보시고 비타민D$_3$를 꼭 확인하시길 권합니다.

다음으로 붕소Boron라는 미량 무기물이 있습니다. 이 물질은 뼛속의 칼슘 신진대사에 아주 흥미로운 역할을 담당합니다. 칼슘은 소변을 통해 몸 밖으로 계속 흘러 나가 손실되는데 붕소를 충분히 섭취하면 이를 막아 체내 칼슘 손실을 덜어주는 역할을 한다고 알려져 있습니다.

실리콘Silicon은 미량 광물질로서 뼈의 망조직Connective tissue의 연계를 튼튼히 해줍니다. 골다공 예방은 물론이고, 새 뼈를 조성하는 데 절대 필요한 영양소입니다.

징크Zinc는 비타민D의 신진대사에 꼭 필요한 광물질입니다. 대부분 골다공증 환자들의 핏속에 징크 양이 결핍되어 있다는 것이 증거입니다. 워낙 미량이 요구됨으로 소홀히 하기 쉬운 영양소들입니다.

전술한 바 있는 혈액 속에 호모시스틴Homocysteine이 과다하면 염증 반응을 일으키고, 골다공을 초래하는 위험요소Risk Factor의 하나로 알려져 있습니다. 호모시스틴의 높은 수치는 심장질환에만 해로운 것이 아니라 뼈의 신진대사에도 해롭습니다. 때문에 우리가 육식할 때에 수용성 비타민인 엽산Folic Acid이 결핍되지 않도록 주의해야 합니다.

유리기로 인한 산화 부담이 골다공증을 촉진합니다. 폐경 후Post - Menopause 여성들의 혈액 속에는 호모시스틴이 증가와 함께 골다공증이 시작되는 때가 일치함은 흥미로운 현상입니다. 이는 우연이 아닌 것으로 의학연구에 큰 관심사이기도 합니다.

수용성 바이타민인 엽산Folic acid, 비타민B$_{12}$ 및 B$_6$을 매일 복용하면 호모시스틴 생성을 쉽게 예방할 수 있습니다. 우리는 흔히 칼슘과 호르몬만이 골다공증에 원인이라 생각하지만 수많은 영양소들이 복합적으로 상호작용함을 알고 균형갖춘 식이요법으로 미리 예방하기 바랍니다.

다. 폐경 후 골다공증은 호르몬 치료만으로는 해결되지 않습니다

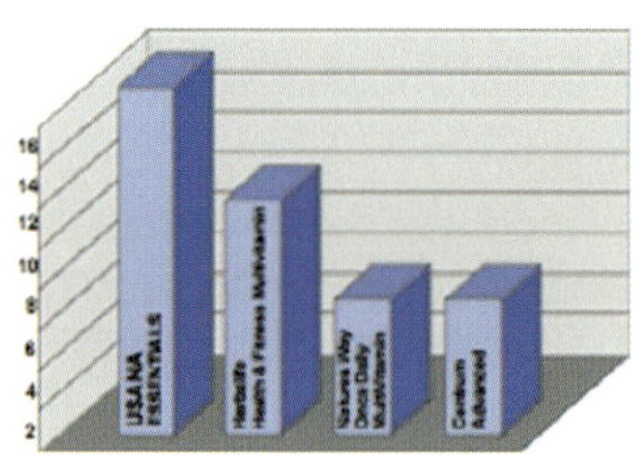

보조영양제nutritional supplement를 잘 선택하여 충분량의 필요한 영양소들을 잘 공급해 주어야 합니다. 우선은 세포가 필요로 하는 미량 필수 영양소를 충분 적절하게 공급하여 영양소 결핍상태에서 세포들을 해방시켜 주어야 합니다.

최근 의학계에서는 폐경기Post - menopause의 여성들이 공통적으로 겪고 있는 골다공증을 어떻게 예방하고 치료할 수 있을까를 위해 많은 연구를 합니다.

여성 호르몬인 에스트로젠은 몸 밖으로 칼슘 유출을 조절하거나 방지하는 역할을 담당하는데 폐경기의 여성에게는 이 호르몬 분비가 중지됩니다.

뼛속에 있는 많은 칼슘이 몸밖으로 유출되어 골다공증 현상을 촉진시킵니다. 이때 인위적으로 합성한 홀몬제를 처방하여 복용합니다. 이 방법을 소위 호르몬 대치 치료Estrogen Replacement Therapy 혹은 줄임말로 ERT 라고 부릅니다.

그러나 ERT만으로는 문제가 해결되지 않습니다. 전술한 바처럼 골다공증에는 칼슘과 에스트론젠 호르몬 외에도 다양한 영양소들이 동시에 필요함을 알아야 합니다.

또한 호르몬처방을 받고 있는 여성들에 있어서 유방암 발생 위험도가 높아진다는 임상연구보고를 종종 접하게 됩니다. 호르몬제를 장기간 복용하면 여성들에게 불안을 안겨다 주기도 합니다.

1997년, 뉴일글랜드 의학지에 발표된 논문에 의하면, 5년 이상의 호르몬 처방 환자군과 비호르몬 처방 환자군들의 비교실험 결과 호르몬 처방 환자군들이 40%나 유방암에 걸릴 위험부담Risk Factor이 크다고 보고했습니다. 이런 위험부담에도 불구하고 골다공증 예방을 위해 호르몬처방을 계속할 것인가 하는 질문은 환자들이나 의사들이 공통으로 고민하는 문제이며 현재 의학계가 당면한 과제로서 대안찾기에 많은 연구가 필요하다고 생각합니다.

영양학적 측면에서 보면 골다공증 예방은 식이요법을 통한 자연의 순리를 적용하는 방법이 제일 안전하다고 봅니다.

건전한 식이요법과 적절한 운동으로 골다공증을 예방할 수 있습니다. 운동으로 몸무게를 조절해주고 뼈의 생성과 뼈의 강건함을 유지하는데 필요한 영양소들을 매일 적절 Optimal히 공급해 주는 식이요법이 최선의 방법이 아닌가 싶습니다. 건

는 운동Walking으로 다리뼈, 척추뼈와 엉덩이뼈를 단련시켜 주고 팔을 머리 위까지 올렸다 내렸다하는 가벼운 운동을 정기적으로 습관화하여, 골다공증의 가장 치명적인 뼈골절Fracture을 예방해야 합니다.

그럼 무슨 식이요법이 가장 현실적인지 알아봅시다.

골다공증은 일반적인 식사만으로는 충분히 예방할 수 없는 병입니다. 따라서 보조영양제Nutritional supplement를 잘 선택하여 충분량의 필요한 영양소들을 공급해주어야 합니다.

우선은 세포가 필요로 하는 미량 필수 영양소를 충분 적절하게 공급하여 결핍 상태의 세포들을 해방시켜야 합니다. 충분량을 공급하게 되면 세포의 정상기능이 회복되어 결핍증 회복은 물론이고, 산화 부담Oxidative stress으로부터 해방됩니다. 약 6개월 정도 복용하면 현저한 성과를 볼 수 있습니다.

필자 부부가 그간 섭생하고 있는 영양제를 소개하니 참고로 하길 바랍니다. 특별 조제된 종합광물질Chelated multi mineral, 종합 항산화제Mega antioxidants와 흡수가 잘되도록 조제한 칼슘Active calcium을 매 식사 후 하루 세 번에 걸쳐 복용합니다. 이 세 가지 영양소군Nutritional Regime들은 세포의 영양소 결핍증 해소와 이미 상처받은 세포들을 치유할수 있도록 조제한 보조 영양제입니다.

이들은 천혜의 면역기능을 회복시켜 줍니다. 활발한 상승효과Synergy를 얻어낼 수가 있어 골다공증뿐만 아닌 다른 성인병 예방에도 현저한 도움을 주는 체험을 했습니다.(필자는 미국 유타주에 있는 USANA 에서 제조한 상품이 체질에 잘 맞아 애용하고 있습니다.)

6. 신경통과 관절염

뼈와 뼈가 서로 접촉하는 관절 Joints은 연골조직으로 되어 있습니다.

관절염은 이러한 연골조직의 노화Aged, 또는 퇴폐Degenerated로 인해 뼈와 뼈가 직접 접촉하므로 통증Pain을 동반하는 아주 괴로운 병입니다. 당한 환자만이 그 아픔을 압니다. 50세 이상 노년층의 약 70~80%가 신경통으로 고생한다니 얼마나 심각한 성인병입니까?

이 병으로 인해 생명 단축의 위험은 없지만 대단히 참기 힘든 통증을 견디며 살아야 합니다. 누구나 원치 않는 병임에 틀림없습니다. 그 원인은 아직도 규명되지 않았지만 두 종류로 나눌 수 있습니다. 류머티즘성 관절염Rheumatoid arthritis과 퇴행성 관절염Osteoarthritis입니다. 둘 다 보통 〈신경통〉으로 불립니다.

퇴행성 관절염은 관절의 연골이 약해지고 변형이 일어나 관절 표면과 그 주위에 비정상적으로 뼈가 형성되는 관절 질환입니다. 원인은 관절 연골이 손상되어 닳아 없어지기 때문입니다. 즉 관절에 과도한 짐Burden이

되어 연골조직이 손상되거나, 약해질 경우에 발생합니다.

가장 중요한 위험요인Risk Factor은 물론 노화입니다.

60세가 되면 약 50%, 65세 이상이면 약 70% 이상이 신경통으로 고생한다고 합니다. 또한 비만증이 있는 경우나 과거에 교통사고나 외상으로 인하여 뼈나 관절이 다쳤던 경우, 선천성 기형이 있는 경우, 뼈 대사에 이상이 있는 경우, 직업 또는 취미로 계속해서 무리하게 관절을 사용하는 경우에도 연령에 관계없이 발생한다고 합니다.

증세로는 통증과 관절의 변형입니다. 심할 경우, 관절은 빨갛게 붓고, 열이 나며, 마디가 커지고, 만지면 통증을 느낍니다. 관절을 움직일 때마다 '뚝!' 하는 소리가 나고, 관절을 움직이면서 손으로 만져보면 무엇인가 만져지는 듯한 느낌이 들 정도입니다. 이것이 오래 진행되면 뼈에 변형이 오고, 뼈가 기형적으로 커지며, 탈구가 일어나 결국 관절을 움직이지 못하게 됩니다.

류머티즘성 관절염은 30~50세 여성들에게 많은 병으로, 남자와 1:4의 비율로 여성들에게 더 많이 발생합니다.

손가락, 팔꿈치, 무릎 등의 뼈와 뼈 사이의 관절에서 염증이 일어나 관절 부위가 붓고, 굳어져 큰 고통을 느낍니다. 특히 새벽에 통증이 심하며 몸이 쇠약해지고 열Fever도 납니다. 종래에는 증세가 심하여 질 때 관절의 변형과 탈구Dislocation, 근Muscle과 건Tendon의 구축Contracture 및 강직Ankylosis을 일으켜 활동하기 힘든 상태로 발전합니다.

현대의학 지식으로는 아직 원인 규명이 되지 않았지만 다른 많은 성인병Degenerative diseases처럼 오랫동안 축적돼온 산화 부담Oxidative stress 이 공통된 원인이 아닌가 생각합니다.

세포 속에 오랫동안 점진적으로 축적된 유리기들에게 제때 항산화제 Antioxidants 공급을 못해 주면 산화 부담으로 생기는 염증반응이 관절염 이라고 할 수 있습니다. 연구보고에 의하면 신경동 환자들의 관절 안에 차 있는 관절액에서는Synovial fluid 유리기Free radicals가 대량 검출되는데 비해 건강한 정상인의 관절액 속에는서 검출되지 않았다 합니다. 이것이 염증반응의 결과라고 합니다.

또 임상실험에서도 비타민E, 비타민C, 베타 - 카로틴Beta carotene, 또는 셀레늄Selenium 등 항산화제들이 결핍되어있음이 밝혀졌습니다. 종종 뉴 트로필Neutrophils과 같은 백혈구가 집결된다는 보고도 있습니다.

이 현상들은 관절 안에 심한 산화 부담으로 발생되는 일련의 염증과정 이라 볼 수 있습니다.

연골조직을 이루고 있는 세포인 콘드로사이트Chondrocytes가 염증반 응이 있을 때 많은 양의 유리기를 방출한다고 합니다. 이때 관절액 속에 서 생산된 유리기량이 항산화제 저축량보다 많을 때 산화 부담의 압박이 증가합니다. 그리되면 관절액Synovial fluid이 점점 희석되고 결국 관절의 연골 조직이 파괴Breakdown되는 결과를 가져옵니다. 이 관절액Synovial fluid은 흡사 자동차에 정기적으로 교체해 줘야하는 엔진오일Engin Oil이 나 루브리칸트Llubricant와 흡사한 원리가 아닌가 생각해 봅니다. 자동차 의 엔진 피스톤이나 볼 조인트Ball joint에 윤활유가 말라버리면 고장이 발 생하는 것처럼 뼈와 뼈가 서로 그냥 맞닿아 부딪치면 부작용이 생길 것은 뻔한 이치입니다.

불행히도 신경통에는 치료약이 없습니다.

고통Pain이나 붓기를 덜어주는 해열제Antipyretic drug나 진통제 Anodyne인 아스피린이나 타이레놀Tylenol 등이 고작입니다.

그러나 신경통 치료와 예방은 관절 사이에 있는 연골 조직의 상처를 치유시키는 것이 우선되어야 합니다. 뼈의 연골조직Cartilage이 생성되는 데는 글루코사민Glucosamine - sulfate을 섭취하면 연골의 신진대사가 원활해지고 파괴되었던 연골 조직이 재생되는 효과가 있습니다. 글루코사민은 연골조직의 중요한 원료입니다.

임상실험에 의하면 1500mg씩 3년간 복용했더니 신경통 관절염 치료에 적어도 20~25%가 향상되었다는 보고가 있습니다. 생선유Fish oil 혹은 오메가 - 3 지방산을 함께 장기 복용하면 염증 반응을 일으키는 물질이 줄어들어 류머티즘성 관절염 예방치료에 효험이 있서 많이 사용되고 있습니다. 생선유나 오메가 - 3 지방산 캡슐을 복용할 때는 반드시 항산화제를 병행해서 복용하기를 권장합니다. 왜냐하면 생선유는 불포화 지방산으로 산화Oxidized되기 쉽기 때문입니다. 산패된 기름에는 유리기를 포함하고 있어 몸에 유익보다는 오히려 해로움을 더 줍니다.

다양한 항산화제들을 구입하여 매일 정기적으

로 충분량Optimal을 복용하는 것이 제일 좋은 식이요법이라 하겠습니다.

비타민E와 C를 포함한 다양한 종합 항산화제를 적정량Optimal 복용하면 관절 연골이 더 이상 파괴되지 않고 신경통 증상이 악화되지 않도록 도와줍니다. 오래 상복하면 완전치유도 가능하다는 임상실험 보고도 있습니다. 항산화제가 충분히 공급되면 세포 내의 자체 항산화제인 수퍼옥싸이드 디스뮤타제Superoxide dismutase, 줄임말로 SOD가 왕성하게 활동합니다. 하루 160mg씩 셀레니움Selenium을 항산화제와 함께 복용하면 더 큰 상승Synergy 효과도 볼 수 있습니다.

손가락 마디마디가 퉁퉁 부어 빨갛게 되고, 후끈후끈 열이 나며, 쑤시는 아픔 때문에 아픔을 견디기 위해 아스피린이나 타이레놀을 하루에도 몇 번씩 복용하는 환자들이 있습니다.

아스피린은 산도Acidic가 높아 장기간 복용하면 위나 소장에 궤양Ulcer이 생겨 속이 쓰리고 아파 고생하는 경우도 자주 있습니다. 또 손가락 마디마디 뼈가 흉하게 튀어나와 곧게 펴지지 않게 되어 남부끄러워 손을 가리는 경우 등이 흔히 보는 신경통 환자들의 모습입니다.

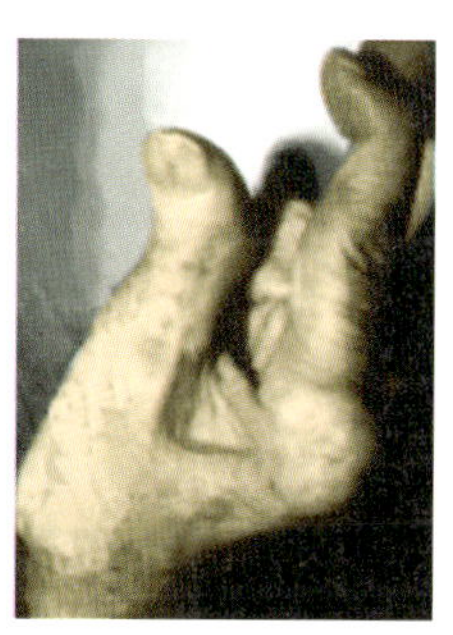

손가락 마디마다 뼈가 흉하게 튀어나와 곧게 펴지지 않는 손 때문에 남부끄러워 손을 가리고 다니는 경우 등이 흔히 보는 신경통 환자들의 모습들입니다.

사랑하는 가족 가운데 이런 분은 안 계신지요?

필자는 이런 분을 압니다. 항산화제를 하루도 거르지 말고 복용해 보라고 권했습니다. 수개월이 지난 뒤 놀라운 일이 일어났습니다. 우선 자신도 모르게 손마디가 아프지가 않다는 것을 발견하고 놀라워합니다. 뻘겋게 달아 올라 후끈후끈 열이 나고 아파 오던 증세가 자신도 모르게 사라졌답니다. 아직도 통통하게 불거진 뼈마디는 흔적으로 남아 있지만 손가락의 피부 색깔도 정상으로 돌아왔습니다. 이것이 항산화제 덕분이 아니고 무엇이겠느냐고 되질문하며 신기해 합니다. 필자도 신기해 놀랐습니다.

그뿐이겠습니까? 힘없이 부스러지고 울퉁불퉁 곱지 않은 손톱을 20년간 가지고 살았는데 언제인지 모르게 손톱이 건강하게 자라나 예쁜 색깔의 매니큐어도 할 수 있다고 기뻐합니다. 옆에서 보아도 너무 놀라워 내가 대신 독자들에게 자랑하는 심정을 아시겠습니까? 바로 필자와 36년간 함께 살아온 아내되는 사람의 실화입니다.

필자가 우리집 어御부인께 권한 식이요법을 독자와 나누자면 다음과 같습니다.

특별 조제된 종합광물질Chelated Multi Mineral, 종합 항산화제Mega Antioxidants와 흡수가 잘 되도록 조제한 칼슘Active Calcium, 생선유정Bio-omega과 글루코사민Procosa II을 매 식사 후 복용하도록 권하고 있습니다.

이 식이효과가 일반적으로 누구에게나 다 같은 효험이 있으리라고는 할 수 없겠지만 우리집 어부인의 경우에는 적중했던 것 같습니다.

재미있게 전하기 위해 좀 부풀린 표현이 될까 염려되지만 강조점을 이해하며 읽어주길 부탁합니다.

7. 만성 피로증

만성피로증Fibromyalgia or chronic fatigue이란 병이 있습니다. 온 전신의 살갗이 조이며 아파 오는 근육통입니다. 원인을 모르는 성인병입니다. '삭신이 저려오는 아픔' '전신이 쑤신다는 아픔' 또는 '온몸이 맥이 없고 노곤하다' '매사가 귀찮다' 는 등의 증상을 호소하는 병 말입니다.

위의 질병은 20대 청장년 연령층부터 노년층까지 널리 분포되어 있습니다. 특히 여자가 남자보다 2배나 더 많이 발생합니다. 전형적인 증상들은 다리에 큰 바위 돌을 달고 있는 듯한 심한 피로, 깊은 잠을 이루지 못하는 불면증, 빈번한 변비나 설사, 장기에 가스Gas가 차고 메스꺼운 복통을 자주 경험하는 등, IBS(Irritable Bowel Syndrome)증세, 만성두통Chronic headaches 또는 Recurrent migraine과 심한 안면의 턱관절 근육통 Temporomandibular Joint Dysfunction Syndrome으로 고생한다고 합니다.

심지어는 음식이나 화학물질의 냄새와 주위 환경에서 오는 소음에 아주 예민한 증세를Multiple Chemical Sensitivity Syndrome 나타내기도 합니다. 여성 환자들의 경우 불규칙한 월경Dysmenorrhea에 기인하여 두통, 생리통, 피로증 등으로 고통받는 증세도 있으며, 환절기에 더욱 악화되는 것이 특징이라고 알려져 있습니다.

만성피로증 환자들의 약 50~60%가 심한 우울증Depression으로 악화되는 경우가 많습니다. 전문 직종에 종사하는 직업인들의 경우 무력감에 빠져 일에 능률을 잃고 저능력의 직업인이 되는 경우도 많다고 합니다. 이래서 현대인의 직업병이라고도 합니다.

'삭신이 저려오는 아픔' '전신이 쑤신다는 아픔' 또는 '온몸에 맥이 없고 노곤하다' '매사가 귀찮다' 는 등의 증상을 호소하는 적절한 한국말 표현들을 씁니다. 바로 문화병에 관한 이야기입니다.

그럼 이 병의 원인은 무엇일까요?

최신 의학으로 보아 분명하지 않습니다. 다양하고 복잡한 병입니다.

일반적으로 알려진 바로는 전염병, 차사고, 신경통 또는 갑상선 부전증 Hypothyroidism 등으로 고생하다가 몸의 기능이 약해진 후, 만성 피로증으로 연장 전이되는 경우가 많다고 합니다.

다른 한편, 선천적으로 체질이 약한 사람이 여타 질병으로 고생하다 합병증으로 발전하는 경우도 있다고 합니다. 북미의 경우 약 1,000명에 한 명 꼴로 발생하며 적어도 3천만 명이나 만성피로증에 시달리고 있다는 통계입니다. 심한 만성 피로를 호소하지만 원인규명이 어려워 꾀병으로 간주되기도 하여 '보이지 않는 불구병Invisible disability' 이라는 별명도 붙여졌습니다.

해마다 늘고 있는 추세인지라 세계보건기구(WHO)는 만성피로증의 심각성을 인정하고, 1992년 이후로 진단과 치료를 위한 체계적인 연구를 진행하고 있습니다.

현재로 검사방법은 전문의의 문진과 진찰로 진단하는 정도의 수준이고. 유사한 증상인 류머티즘 질환이나 다른 질환과 구분하기 위해서 일반 혈액 검사뿐만 아니라 특수 면역 검사나 X선 촬영 등의 검사를 병행합니다. 원인이 불확실하기 때문에 확실한 치료법이 현재로는 따로 있지 않습니다.

항우울제Anti - depressant나 안정제로 수면 시간을 늘려 주고, 통증을 줄일 수 있도록 근육 스트레칭, 윗몸 일으키기 등 근력강화 운동, 수영 및 자전거 타기 등을 권하고 있습니다. 또 적절한 휴식과 술, 담배, 커피 또는 격렬한 운동을 피하는 것이 예방하는 길입니다. 그러나 병의 원인 규명이나 치료방법은 없다지만 식이요법을 통해 효과를 본 환자들의 실례를 들어 영양학적 으로 접근하고자 합니다.

나. 식이요법으로 만성 피로증 극복합시다

전술한 바처럼 만성피로증Fibromyalgia / chronic fatigue은 다양한 증상을 함께 노출시키는 병이기 때문에 다른 질병과 구분이 그리 쉽지 않습니다. 정확한 진단과 예후를 불허하는 일종의 특별한 병Disease of exclusion이 바로 만성피로증입니다. 의사는 여러 경로의 진료 후 결론은 '아무 이상이 없는데요.' 라고 말하기 쉽습니다.

흔히 이 병을 심신 정신질환Psychosomatic 정도로 간단하게 진단하는 경우가 허다합니다. 북미에만도 10만 명 이상이나 이 병으로 고통받고 있는 현실이라 그냥 심신질환으로 간과할 수 없습니다.

의학 연구에는 가설 검정Theory of testing hypothesis이라는 방법이 있습니다. 임상을 중점으로 하는 의사는 아니지만 영양학적 견지에서 볼 때 만성피로증도 세포들의 영양결핍으로 오지 않을까 하는 가정을 합니다.

필자가 잘 아는 가까운 주변에 칼라(가명)라는 이름의 36세 된 여인의 경우를 예로 들어 보겠습니다.

칼라는 7살에서 14살 사이된 세 아이의 어머니입니다. 에드몬톤시 교외 에이커리지(전원농장)에서 말도 기르고 승마연습도 시키는 아주 활동적인 전원 주부입니다. 그런데 막내아이를 출산한 후 차사고로 소위 근육충격Whiplash injury을 받았다고 합니다. 그후 이유 없이 피곤하고, 불면증, 두통, 근육통 등 많은 증상들로 6년간을 고통 가운데 살아왔습니다.

수 차례 검진 끝에 만성피로증 환자라고 진단을 받았습니다. 물론 치료

방법이나 처방도 없는 진단이지요. 어느 날, 이웃에 사는 분이 종합영양제Nutritional supplement를 권해 큰 기대없이 복용했습니다. 그 결과 놀랄울 만큼 힘이 나며 효과가 있어 그 때부터 그 보조식품에 대해 스스로 연구하기 시작했습니다. 그리고 한 해가 지난 후 완전히 회복되어 괴롭히

던 증상들이 모두 사라져버렸다고 합니다. 그 분의 체험적인 강의를 듣는 청중들도 기뻐했습니다.

두 번째 경우는 노스다코타North Dakota 주에서 잘 알려진 가족 전문의 Family Doctor 부인에 대한 이야기를 남편되는 의사가 강의한 내용입니다.

그는 결혼 초기부터 18년간 만성피로증으로 고생하는 부인의 뒷바라지를 했다고 합니다. 의사로서 도움을 주지 못하는 처지를 안타까워하면서……. 그런데 하루는 부인의 친구가 보조 영양제를 복용해보라고 권유하자 남편의 의견을 물어 보더랍니다. 의사인 남편은 23년간 의사개업을 했지만 한번도 영양보조식품은 물론 식이요법과 질병과의 관계를 생각하지도, 믿지도 않았었다고 합니다. 아주 전형적인 현대의학도였었다는 것이 그의 고백이었습니다. 그는 어떤 도움도 되어주지 못했던 처지였던지라 반대할 수도 없어 묵언으로 허락(?)했더랍니다.

복용을 시도한 지 일주일도 안 되어 건강이 호전되고 3주가 지나자 정상으로 회복되더랍니다. 그래서 그간 복용하고 있던 처방약들인 진통제나 안정제Anti-depressant들을 완전히 끊었습니다.

1년 후, 원기가 왕성해졌습니다. 이 때부터 그 의사는 새로운 안목을 가지고 영양학을 공부하기 시작했고, 영양보조제에 대한 일가견을 가진 영양학 전문의사가 되었습니다.

그는 오늘날 서점에서 많이 팔리는 유명한 영양학 책의 저자가 되었습니다. 독자들을 위해 책소개를 하면《영양학에 무식한 의사들이 환자들을 죽이고 있다.What your doctor doesn't know about Nutritional Medicine may be killing you》라는 아주 도발적인 제목의 책입니다. 자기 부인을 죽일 뻔했다는 의미 있는 고백이기도 합니다.

그후 그는 '만성피로증이 과다한 산화 부담Excessive oxidative stress의 결과' 라는 가정Hypothesis을 하고 가설검정Testing Hypothesis을 위해 지난 6년간 500명 이상의 환자들로 임상 실험을 했다 합니다. 그 결과 산화 부담이 과다할 때 만성피로증과 유사한 증상을 유발한다는 것을 발견했고, 이 환자들에게 종합 항산화제의 보조영양제를 장기 복용케 했더니 괄목할 만한 결과를 얻었습니다. 즉 대개 2개월 내에 호전되는 반응을 보이기 시작하고, 4개월 후에도 깊은 수면을 되찾았을 뿐더러 왕성한 기력회복이 가능했다 합니다. 그렇게 점차 면역기능이 회복되어 환절기마다 걸리던 감기나 간헐열Fevers의 증상도 없어졌습니다. 500명의 환자들 중 70~75% 가 종합항산화제를 통한 식이요법으로 치료되었다고 합니다.

필자도 그 분의 열띤 강의를 듣노라니 '만성피로증' 도 식이요법으로 극복할 수 있다는 생각이 들어 독자여러분께 알려드립니다. 그분은 미국 유타주에 본사를 둔 USANA회사의 종합 항산화제인 〈Mega Antioxidants〉와 〈종합 광물질Chelated Mineral〉, 그리고 흡수 잘 되도록 조제한 〈Active Calcium〉, 〈오메가-3 지방산〉을 매일 복용하기를 권하고 있습니다. 더 자세한 연구가 필요하겠지만 만성피로증이 산화부담의 결과임에는 틀림없다는 것이 그 의사 선생님의 결론이었습니다. 필자도 같은 생각입니다.

8. 노화Aging

인간은 동서고금을 막론하고 늙지 않고 죽지 않기를 바라는 소망을 가지고 있습니다. 중국에서는 진시황제秦始皇帝가 불사약을 찾았다는 이야기가 있어 전국시대 때부터 불사라는 관념이 있었다고 짐작됩니다. 때가 되면 다가오는 늙음Aging이야 무슨 수로 막을 수 있겠습니까? 그저 꿈이요, 소망에 불과합니다. 그러나 부디 천천히 와주기를 바라는 마음까지 잘못된 욕심이라 하겠습니까?

성경에도 '그들의 날은 일백이십 년이 되리라.' (창세기 6장 3절) 한 것을 보면 우리가 120년은 충분히 살 수 있도록 만들어진 것이 분명합니다. 동물학에서도 동물이 성장 연수의 6배를 살 수 있다고 합니다. 사람도 20년이 성장기간이라면 그 6배인 120년은 살 수 있습니다.

그러나 우리의 현실은 아주 다릅니다. 모세도 '우리의 연수가 칠십이요, 강건하면 팔십' 이라고 안타까워했습니다. 또한 그 사는 모습도 '그 연수의 자랑은 수고와 슬픔 뿐이요' 라고 시편 90장10절에서 측은히 표현

했습니다.

짧은 인생을 병고로 고생하며 괴로워하는 우리의 처지를 안타까워한 것입니다.

무엇이 잘못되었길래 주어진 명을 곱게 다하지 못하고 괴롭게 늙어가야 하는지 곰곰히 생각해 봐야겠습니다.

이는 오늘날 북미 총인구의 25%를 넘나드는 전후세대Baby boomer들에게 큰 도전이 아닐 수 없습니다.

캐나다의 인구 역시 빠른 속도로 노화됩니다. 65세 이상의 노인인구가 1900년에 는 전체인구의 약 4%에 불과했습니다. 1987년에는 12%, 그리고 2000년도에는 20%로 늘어났습니다. 의술의 발달로 평균수명이 연장되었기 때문입니다.

인간의 노후를 보살펴주는 전반후생을 담당하는 노인학Geriatrics이란 학문도 생겼습니다. 노화과정에서 발생하는 심리적, 생리적, 사회적, 그리고 경제적 변화를 연구하는 학문인 노년학Gerontology이 인기 있는 학문분야가 되었습니다.

인간은 늙어감에 따라 많은 생리적 변화가 생깁니다. 그에 따라 영양분이나 식이생활에도 현명하게 대처해야 합니다.

우리 몸의 세포가 노화되면 우선 세포의 양이 현격히 줄어듭니다. 그 결과 필요한 열량도 그만큼 감소됩니다. 10년이 늙어질 때마다 몸을 유지하는데 필요한 열량이 약 100kcal씩 감소합니다. 열량섭취가 감소됨에 따라 음식 섭취량도 줄어듭니다. 필수 미량 영양소의 섭취량도 줄어 듭니다. 자연히 필수 영양소의 결핍증을 가져 올 위험성이 커집니다.

노화현상에서 특별히 나타나는 현상은 뼈Bone의 질량이 줄어드는 것입니다. 뼈의 마디마다 압축 축소되어 키도, 허리도 줄고 굽어집니다. 햇빛 광선을 받아야 생성되는 비타민D의 양도 줄어들어 칼슘 섭취가 원활치 않게 됩니다. 그래서 노화는 필연적으로 골다공증Osteoporosis을 동반합니다. 이때에는 반드시 비타민D와 흡수되기 쉬운 칼슘을 보조식품으로 대처 해줘야 합니다.

노화기에 필연적으로 찾아오는 또다른 현상은 혈관Vascular의 변화에 따른 동맥경화증을 들 수 있습니다. 이는 젊었을 때부터 영양관리를 어떻게 했느냐에 따라 결정됩니다. 육식과 채식의 균형 없이 젊어서부터 과다한 유리기Free radical들의 축적을 방관하면 산화 부담 속에 일생을 살아왔다는 이야기이고, 동맥경화라는 노화현상은 필연적으로 따라오게 됩니다. 그러나 전술한 바처럼 우리가 젊어서부터 채소 속에 잘 준비되어 있는 다양한 항산화제Antioxidants를 골고루 그리고 충분히 섭취하였다면 노화로 찾아오는 동맥경화증을 예방할 수 있습니다.

노화과정 중에 눈이 어두워져 시력을 잃어 갑니다.

망막퇴화Macula degeneration로 시력을 잃게 되는 경우가 많습니다. 이는 산화 부담으로 생기는 병입니다. 젊어서부터 색깔 있는 과일이나 채소에 풍부한 베타카로틴이나 루틴 같은 항산화제를

젊어서부터 색깔 있는 과일이나 채소에 풍부한 메타카로틴이나 루틴 같은 항산화제를 다량 섭취해 두면 눈의 노화를 지연시킬 수 있습니다

다량 섭취해둔다면 눈의 노화를 지연시킬 수 있습니다.

또 다른 현저한 변화는 위액 중에 산(HCl)의 분비가 급격히 감소되어 소화불량을 초래합니다. 따라서 영양소의 흡수율이 현격히 감소되고 영양 결핍증으로 노화가 더 빠른 속도로 촉진됩니다.

그 예로서 칼슘을 아무리 많이 먹어도 소화흡수율이 낮으면 늙으면 골다공증이 더 나타납니다. 그러므로 소화율Digestibility이 높은 음식을 선택해 섭취하는 지혜가 필요합니다. 또 노화에 중요한 변화는 두뇌의 기능 저하를 들 수 있습니다.

기억력 상실이 오고 심하면 치매성 알츠하이머라는 퇴행성 뇌질환으로 발전합니다.

9. 치매

가. 젊을 때부터 식이요법이 최선 예방책입니다

치매란 기억기능, 생각과 표현 능력이 서서히 상실되어 가는 병으로, 행동거지가 자연스럽지 못하고 침울한 성격으로 발전하여 사회생활 기능을 완전히 잃어 본인은 물론, 가족에게 까지 큰 슬픔을 주는 치명적인 병입니다.

미국에만도 알츠하이머Alzheimer's 치매환자가 약 200만 명이 넘는다 합니다. 미국 연구조사에 의하면 80세 이상 노인의 40~50%가 치매환자로 알려졌습니다.

한국에서도 최근의 한 연구보고에 의하면 농촌지역 60세 이상의 인구에서 약 21%가 치매양상을 보이고, 이중 63%가 알츠하이머 치매인 것으로 보고되었습니다. 특히 노년 인구의 증가와 함께 급격히 증가하고 있는 질환입니다. 원인규명과 치료를 위한 노력에도 불구하고 아직 뚜렷한 해답을 얻지 못하고 있습니다.

늙어가는 노화가 누구나 다 겪어야만 하는 숙명이라지만 늙는 것이 얼마나 무서운지 모릅니다. 치매환자를 집안에서 모셔 보지 않은 사람은 하루하루 사는 것이 얼마나 고통스럽고 슬픈 생활의 연속인지 상상을 불허합니다. 일생을 함께 살아온 배우자도 알아보지 못한다면 얼마나 가련한 생활이겠습니까?

미국의 멋쟁이 레이건 대통령도 은퇴한 후 얼마되지 않아 치매로 세상과 단절되고 그렇게도 사랑하던 부인 낸시도 알아보지 못하는 어둠과 혼돈 속에10년을 고생하다 고독하게 세상을 떠났습니다.

이 병은 지리, 문화, 빈부, 인종, 학식과 신분, 국가도 가리지 않는 병입니다. 어느 철인은 '사람은 생각하는 갈대' 라고 했는데 이 생각하는 기능의 특권을 박탈당한 채 고독하게 살아가야 한다면 얼마나 두려운 일이겠습니까?

두뇌의 기능이 저하되어 세상과의 관계가 단절되면 인간의 존재 의미를 상실하게 됩니다. 생각할 수 있는 기능의 두뇌가 얼마나 중요한가를 새삼 느껴봅니다. 만약 매일 먹고 살아가는 식사를 통해 뇌세포의 건강과 기능을 보호 유지시켜 치매를 예방할 수 있다면 식이요법이 최선입니다.

전술한 바처럼 산화 부담Oxidative stress이 노화현상Aging을 촉진시키는 요인이 됩니다. 특히 유리기의 횡포가 뇌세포에게는 더욱 치명적입니다. 뇌세포 안에 가중된 산화 부담을 오랫동안 방치하면 에너지를 생산공급하는 발전소격인 마이토콘드리아Mitochondria와 세포기능의 작전본부와도 같은 세포핵의 핵산(DNA)이 파괴되어 두뇌기능이 상실됩니다.

뇌세포와 신경세포는 산화작용이 다른 세포에 비해 왕성합니다. 유리기 생성 축적량도 또한 더 풍부합니다.

이와는 반대로 유리기를 처리해 줄 항산화제의 축적량은 반비례합니다. 이런 이유 때문에 파괴된 뇌세포들은 다시 치유 회복되기가 다른 체세포에 비해 쉽지 않습니다. 이런 맥락에서 유리기로 인한 산화부담이 뇌세포 노화현상의 주요인이라는 학설이 학계에 높은 공감대를 이루고 있습니다.

역시 알츠하이머성 치매도 산화 부담의 결과라 보는 경향이 가장 유력한 학설일 것입니다. 그 증거로 치매환자들의 뇌세포를 조사해보면 정상인의 세포보다 항산화제가 현저하게 고갈되어 있음을 알게 되고, 임상실험을 통해서도 식이요법으로 치료할 때 항산화제 축적량이 쉽게 정상치로 회복됨을 경험할 수 있습니다.

항산화제를 음식으로 공급할 때 뇌세포내 유리기 축적을 방지할 수 있어 산화부담을 줄일 수 있다는 점을 동물실험을 통해서 알게 되었습니다.

문제는 식이요법으로 이미 증상이 진단된 치매환자들의 치료가 가능할까 입니다. 항산화제 식이요법으로 초기성 치매의 진전을 지연 또는 예방할 수 있다는 증거는 있지만 치매를 치료할 수 있다는 증거는 아직 없습니다. 불행한 것은 치매환자로 진단됐을 때는 이미 80% 이상의 뇌세포가 피괴된 상태이므로 임상치료가 그리 용이하지 않습니다.

중요한 것은 예방을 위한 식이요법을 젊었을 때부터 시작하는 것이 삶의 지혜요, 영양학의 목적일 것입니다.

씨 맺는 채소와 과일 속에 이미 준비된 다양한 종류의 천혜의 항산화제 Natural antioxidants를 젊어서부터 음식으로 섭취하는 데 게을리지 않기를 권장합니다.

10. 천식

사람은 숨을 쉬어야 살 수 있습니다. 5분 동안만 숨이 막혀도 뇌조직에 산소공급이 지연되어 뇌사Coma를 초래합니다.

호흡할 때 폐 안으로 들어온 공기에는 약 21%의 산소가 함유되어 있습니다. 산소가 18% 미만이면 산소 결핍으로 간주됩니다. 공기 중에 산소가 16% 이내로 떨어지면 타던 촛불도 꺼집니다. 4% 이내면 동물은 4분 내에 즉사합니다. 이 산소공급 장애가 바로 천식Asthma입니다.

천식이란 코Nasal cavity, 기관지Bronchial tube, 폐Lung의 공기가 통과하는 기도Air passage가 막히고, 이에 따른 호흡곤란으로 산소공급이 부족하여 생기는 증상을 말합니다. 아직 원인은 규명되지 않았지만 기도의 상피Epithelial lining 조직에 상처가 생겨 염증반응을 일으킨 후 부어올라Swelling 기도가 좁아지면서 막힌 상태입니다. 유전적 원인도 중요하지만 더욱 직접적 원인은 병균의 감염이나 독성물질의 침범으로 기도 표면에 상처가 나면 몸 속에 잠재해 있는 자가치유기능

Self healing인 염증반응으로 발생하는 병으로 알려져 있습니다. 염증이 장기화되면 기도가 부어 막히게 됩니다.

　건강할 때는 기도 상피에서 점막액 Epithelial lining fluids을 분비하여 몸 안에 들어온 세균이나 독성물질들을 세척시킵니다. 콧물이나 가래침Mucose이 이를 세척하여 밖으로 배출하는 일을 잘 수행합니다. 이것이 1차 방어First defense선인 것입니다.

천식이란 코nasal cavity, 기관지 bronchial tube, 폐lung의 공기가 통과하는 기도air passage가 막히고, 이에 따른 호흡곤란으로 산소공급이 부족하여 생기는 증상을 말합니다

　아무리 외부로부터 독성물질이 침범해도 상피조직에서 1차 방어에 성공하면 그 이상 깊은 침범을 불허합니다. 그러나 만성 염증반응이 장기간 지속되면 결국 자가치유Immune system할 수 있는 기능을 상실하고 만성염증반응으로 천식 증상을 가져오게 됩니다. 과다한 공기오염과 흡연 등이 주원인이 됩니다.

　유리기Free radicals가 생성 축적되어 감당하기 어려울 정도로 산화부담 Oxidative stress이 가중되면 만성 기관폐쇄 현상까지 이르러 스스로 호흡이 불가능하여 산소호흡기에 의존하면서 생명을 연장하는 환자가 됩니다. 이 증세는 점점 늘어나고 있는 추세입니다.

　천식은 심각한 병입니다. 캐나다를 포함한 북미에만도 천식환자가 2천만 명이 넘는다고 합니다.

　이병으로 인해 연간 50만 명이나 병원에 입원치료를 받고 있어 20억 달러 이상의 경제부담을 주는 심각한 질환입니다. 특히 어린이들에게 천식

발생률이 날로 증가일로에 있습니다. 천식으로 학교를 결석하는 날짜가 1년에 1천만 날(10 million days)이 넘는다고 하니 국가적으로도 큰 손실이 아닐 수 없습니다. 천식으로 인한 사망률도 증가하고 있습니다.

이병은 인종, 연령, 남녀를 불문하는 병입니다. 그 심각성에 비해 치료나 예방책이 아직 미진하여 안타깝습니다.

나. 항산화제 식이요법으로 예방치료가 바람직합니다

천식에 걸리기 쉬운 위험요인Risk Factors으로 선천적으로 오는 유전과 환경오염을 꼽고 있습니다.

첫째로 천식과 가장 관계가 깊은 소인素因은 알러지성Allergic 체질입니다. 즉, 선천적으로 천식에 예민한 유전인자를 지닌 사람들입니다. 알러젠Allergen 물질에 접할 때 남다르게 IgE라는 항체를 만들어내 필요 이상으로 방출하는 체질의 사람들을 가리킵니다.

연구 보고에 의하면 전체 인류 중 약 30% 이상이 알러지 체질Atopy을 가졌다고 합니다. 병원에 가면 수백 가지의 알려진 알러젠Standard battery of allergens을 차례로 피부에 접종시켜 IgE 항체반응을 진단합니다.

선천적 천식증상은 열 살 미만의 남자아이들에게 주로 많습니다. 자라면서 10세가 넘으면 성별Gender의 차이가 없어진다고 합니다.

두 번째 위험요인은 환경오염으로 공기 중에 떠도는 수많은 오염 물질들입니다. 이 물질들이 알러젠으로 작용하여 천식의 원인이 될 수도 있습니다. 이들이 체내에 들어와서 알러지 현상 염증반응을 일으키면 기관지가 부어 올라 좁아지고 수축하여 기관지 내의 분비물이 많아지면서 호흡이 어려워집니다.

성한 사람들도 호흡할 때 함께 침범하는 오존Ozone, 산화질소Nitrogen oxides, 자동차의 매연개스Fuel emissions, 그리고 흡연자들이 방출하는 담배연기Secondary cigarette smoke 등은 기도 상피조직에 산화 부담을 증가시킵니다.

필자가 사는 카나다 알버타주는 비교적 공기오염이 덜 된 곳입니다.

그러나 가끔 서울이나 LA 같은 대도시를 방문하면 공기오염으로 눈이 쓰리고 목이 칼칼해지는 경험을 합니다. 여기에 흡연하는 사람들 속에서 하루를 지나게 되는 날이면 온몸 전체가 아파오며 천식환자 같은 호흡곤란 증상을 체험하게 됩니다. 호흡한 오염공기와 함께 침범한 수많은 유리기Free radicals에 의한 산화 부담 때문입니다.

어느 초등학교 체육교사의 고백입니다.

20년 전에는 아동들이 1마일 정도 달리기는 어려움이 없었다 합니다. 그러나 요사이에는 호흡 곤란으로 중도에 낙오하는 어린이들이 늘어 간다고 합니다. 이같은 현상은 선진국일수록 더 심각합니다.

우리는 인류 역사상 유래 없는 심한 환경오염 속에 살아가는 세대들입니다. 두 살짜리 어린아이가 산소통에 의존해 실같은 호흡으로 생명을 연장하는 애처로운 모습을 쉽게 목격합니다. 아주 충격적입니다.

천식이란 염증과 싸우는 전쟁입니다. 염증반응을 임시로 줄여주는 약은 있으나 천식 치료제는 못됩니다.

뉴욕 의과 대학의 리차드 휘셴Richard Firshein 박사는 천식을 치료할 수 있는 방법은 식이요법밖에 없다고 주장합니다.

그러면 식이요법을 통해서 예방하는 방법을 알아보도록 하겠습니다.

천식으로 고생하는 어린 환자들을 상대로한 임상실험에서 기관조직 상피 점막액 속에 비타민C나 비타민E 또는 베타-카로틴Beta-carotene과 같은 항산화제의 축적량이 정상인에 비해 월등히 결핍되었음을 발견했습니다. 그리고 항산화제 적절량을 공급해 준 즉시 정상치로 즉각 회복되는 효과를 관찰했다 합니다.

계절에 따라 오는 가벼운 화분병Hay fever이든 선천적으로 오는 천식이든 항산화제의 결핍으로 자가 치유할 수 있는 면역 능력이 이미 고갈 상태에 있다는 것이 공통점입니다. 항산화제 결핍으로 유리기들의 축적되었을 때 항산화제를 공급해주면 유리기가 중화되어 산화부담이 제거됩니다. 이때 염증반응은 서서히 퇴진합니다.

약으로 치료하는 것은 순간의 고통을 줄이는 것에 불과 하지만 영구치료는 항산화제 공급으로 천혜의 자가치유 능력을 회복시켜 면역기능을 쌓아 올리는 것입니다.

약으로 치료하는 것은 순

간의 고통을 줄이는 것에 불과하지만 영구치료는 항산화제 공급으로 천
혜의 자가 치유 능력을 회복시켜 면역기능을 쌓아 올리는 것 입니다. 항
산화제 공급은 우리 몸을 이루고 있는 세포마다 스스로 자가 치유할 수
있는 능력을 회복시키고 또 길러주는 소위Immune - Booster의 원리인 것
입니다. 항신화화제 식이요법은 약 6개월 내지 일 년 안에 항산화 능력
Antioxidant Potential을 길러 면역기능을 회복시켜 예방은 물론이고 치유
도 할 수 있습니다.

제3장

항산화제

저자가 캐나다에서 펴낸 달걀에 대한 연구서의 표지

 제3장 항산화제

1. 천연 항산화제

지금까지 공부해온 대부분의 성인병들이 유리기Free Radicals들의 행패로 생긴 상처로 시작한다고 했습니다. 이제부터는 그 유리기들의 정체와 우리 몸에서 어떻게 몰아내는가 하는 과정을 살펴보겠습니다.

우리가 살고 있다는 것은 호흡한다는 얘기입니다.

호흡으로 들어온 산소가 음식으로부터 흡수된 영양소들을 태워 Oxidation 열량Calory을 만들어 냅니다. 그 열량으로 우리 몸은 생명을 유지 하고 활동할 수 있습니다. 이때 99%의 산소는 영양소들이 주는 수소와 반응 결합해 물로, 일부는 탄소와 반응 결합하여 탄산가스CO_2로 만들어 져 몸밖으로 내보내 집니다.

물이나 탄산가스는 몸 안에서나 몸 밖에서나 무해합니다. 그러나 나머지 약 1%에 해당 하는 소량의 산소가 남아 있게 됩니다. 이들이 대사과정 중에 산소 분자내의 전자Electron를 잃게 되어 안전을 잃은 활성 산소 Reactive Oxygen로 변해 몸에 해로운 유리기로 축척됩니다. 이 불안전한 산소분자를 소위 유리기遊離基, 영어로는 'Free Radical' 이라고 합니다.

유리기가 산화부담Oxidative Stress을 일으켜 병을 유발합니다. 이것이 성인병의 주 요인이라는 것을 살펴왔습니다.

외부로부터 침범하는 전염성 세균과는 달리 내 몸속에서 유리기가 자가 생산되니 더 심각합니다.

그러나 유리기가 하는 일 중에는 유익한 점도 있습니다. 세균이 밖에서 침범했을 때 혈액 중 백혈구가 유리기를 일부러 많이 만들어 침입한 세균에게 상처를 주어 죽이는 유익한 역활도 합니다.

그러나 과도하게 생산되어 몸 안에 축적되면 건강한 세포들을 해치는 결과를 초래합니다.

유리기는 우리가 육체 운동을 할 때 많이 생산되는데 육체 운동을 너무 지나치게 하면 필요 이상으로 수 천배의 유리기가 생성됩니다. 이는 유익보다는 건강에 해롭다는 연구 보고가 있습니다.

적당한 운동은 건강에 유익하지만 지나친 운동은 해로운 이유가 과다한 유리기 생산에 원인이 있습니다.

활성 산소인 유리기들의 속성은 산소 분자가 잃어버린 전자의 빈자리를 채우려는 노력으로 분주하게 좌충우돌하며 주위에 있는 물질과 맹렬히 반응하여 수소 분자(H+)를 강제로 탈취합니다. 수소분자를 빼앗긴 주위

물질들도 유리기로 변해 강제로 빼앗긴 수소 분자를 이웃 물질에서 뺏어 올려고 분주히 찾아 나섭니다. 또 다른 주위 물질과 접속하면 연쇄적으로 작용합니다. 결과로 더 많은 유리기들이 생산되어 축적됩니다. 이때 계속 되는 반응의 사슬 한 고리를 끊어서 더 이상 유리하지 못하게 막아 주는 귀한 중재자가 있으니 이 물질을 곧 항산화제Antioxidant라고 합니다.

항산화제들은 타는 불을 꺼주는 고마운 소방관과 같습니다. 기억해야 할 것은 몸 안에 항산화제의 저장량이 많으냐, 적으냐에 따라 유리기의 행패가 크냐, 적으냐가 결정됩니다.

충분한 항산화제가 저장되어 있으면 유리기들은 부족한 수소 분자를 공급받아 곧 안정을 되찾아 더는 해롭지 않습니다. 왜냐하면 항산화제가 유리기들을 안정상태로 환원시켜 주었기 때문입니다. 이래서 몸속에는 항시 항산화제 저장량이 충분하도록 해야 마음 놓고 호흡도 하고, 음식도 즐겨먹고, 건강하게 살수 있습니다. 항산화제 저장량이 몸속에 충분하지 못하면 호흡을 가중시키는 운동도 유익보다는 오히려 해롭다는 얘기입니다. 몸속에 유리기 양과 항산화제 양이 저울에 달아 평형보다는 항산화제 쪽이 좀 더 무겁게 내려가는 그림을 그리며 요리를 하시는 주부님들이 되시길 권합니다.

하나님은 우리 몸속에도 항산화제 생산을 미연에 방지하는 효소Enzyme장치들도 마련해 놓으셨습니다. 안과 밖에서 모인 항산화제가 협력하여 우리의 건강을 유지하도록 하셨습니다. 생명의 상징인 호흡의 좋

하나님께서는 우리가 먹고 살아가야 할 식품 속에 7,000여 가지가 넘는 가지각색의 항산화제들을 미리 준비해두셨습니다. 색깔이 짙으면 짙을수록 항산화제가 더 풍부합니다.

은 점과 나쁜 점이 균형을 이룰수 있도록 마련해 놓으셨습니다.

우리의 몸은 신묘막측 Fearfully and wonderfully 하게 만들어진 하나님의 최상의 창조물입니다.

이런 맥락에서 볼 때 하나님께서는 우리가 먹고 살아가야 할 식품 속에 이미 7,000여 가지가 넘는 가지각색의 항산화제들도 미리 준비해두셨습니다. 희한하게도 오늘날 식품을 분석해 보면 씨 맺는 열매와 채소 속에 다양한 항산화제가 골고루 들어있음이 입증이 됩니다.

4000여 가지는 이미 화학적으로도 추출 분석되어 있습니다. 생명을 창조할 때 이 원리를 기초로 항산화제가 듬뿍 들어 있는 약초 같은 '쓴 나물' 채소를 함께 먹으라고 가르치셨으니 이것이 하나님의 사랑이요, 축복이 아니고 무엇입니까? 그대로 실천만 하면 호흡할 때 생기는 유리기를 즉각 중화시켜 부담없이 생명을 향유할 수 있습니다. 몸속에 준비된 효소와 음식으로 공급되는 항산화제들이 협력하여 호흡Breath과 더불어 생명Life이란 대교향곡Orchestra이 우리 몸속에서 연주되는 것입니다. 모든 것이 합력하여 선을 이루십니다.(로마서 8장 28절)

음식 속에 숨겨져 있는 이 천혜의 보물 같은 항산화제를 찾아 섭생하여 전술한 산화부담의 결과인 성인병을 예방 또는 치료하는 지혜를 구하고 공부하여 실천해야 합니다. 이것이 하나님의 영양학입니다.

하나님이

"씨 맺는 모든 채소와 씨 가진 열매 맺는 모든 나무를 너희에게 식물로 주노라."(창세기 1장 29절)

라고 하셨습니다.

그뿐이겠습니까? 출애굽기 12장 9절을 보면 항산화제가 전무한 육식을 할 때는 항산화제가 많이 들어 있는 쓴 나물, 약초와 가공하지 않은 무교병과 함께 먹으라고 신신 당부도 잊지 않으셨습니다.

가족의 건강을 책임진 사랑하는 주부님들이여, 이런 지혜로운 식이요법의 권위자가 되십시오. 음식을 준비하는 부엌의 요리대가 가족을 위한 건강센터Health centre가 되길 축원하는 바입니다. 하나님께서

"내 백성이 지식이 없으므로 망하는도다."(호세아 4장 6절)

하고 한탄 하셨습니다. 우리는 음식을 알고 먹어야 합니다.

나. 물에 잘 녹는 항산화제 비타민C는 성인병과 노화를 막아주는 신비의 약입니다

항산화제는 크게 두 체계로 나눌 수 있습니다.

첫째 몸 안에 이미 준비Fixed되어 있는 항산화 효소Antioxidant enzymes입니다.

수퍼옥사이드 디스뮤타제(SOD), 카타라제Katarase, 그리고 구루타지온 페록시다제Glutathionperoxidase라는 효소들이 우리 몸에 있습니다. 이 효소들은 활성산소가 유리기로 만들어지는 과정을 차단시키는 일을 합니다.

다른 하나는 몸속에서 자체 생산 할 수 없는 황산화제로서 반드시 음식을 통해서만 공급됩니다. 안 과 밖에서 이렇게 우리 몸의 끊임 없이 협력하여 유리기의 축적을 막 아주도록 준비되어 있습니다.

음식을 통해서 수백 가지의 항산 화제가 연합하여 맡은 사명을 수행하고 있습니다. 한 예로 담배를 피운다 든가 힘에 부치는 육체운동을 할 때 많은 유리기가 생성된다고 했습니다. 이 때 몸 안에 저축Antioxidant reserve된 항산화제를 급히 불러내 써야 합 니다. 이 때 항산화제 창고에 항산화제가 고갈되어 있으면 안됩니다.

우리의 은행 통장과 흡사합니다. 돈이 필요 할 때 은행에 잔고가 있어 야 하는 것처럼 말입니다.

매일 음식을 통해 충분히 공급할 수 있기 때문에 참 감사 한 일입니다. 요리하시면서 사랑하는 가족들의 항산화제 통장이 흑자인가 적자인가 생각하시면서 시장도 보시고 요리도 하시는 지혜로운 주부님들이 되시 길 축원합니다.

과학적으로 항산화제들의 유익성이 인정되면서 음식 속에 숨겨져 있는 가지 각색의 새로운 항산화제가 매일 발견됩니다. 알려진 것만도 무려 7,000여 가지가 넘습니다. 식품학자들이 추출분석한 것만도 4,000가지가 넘는다고 합니다. 그 중에서 가장 잘 알려진 세 가지 큰 항산화제들만 간 단히 소개합니다.

전쟁할 때에 육해공군이 있는 것처럼 우리의 생명을 지키는 항산화제들도 수상전쟁은 비타민C가 맡고있습니다.

비타민C는 아스코빅 산Ascorbic acid라고도 하는데 물에 잘녹는 수용성 비타민Water - soluble 비타민입니다. 체액Tissue fluids 속에 떠 있는 불질늘을 수로 보호하는 항산화제 입니다. 이 비타민C를 충분히 섭취해야 체액을 관장하는 장기들, 혈액, 심장, 폐, 눈의 망막 등을 유리기들의 횡포로부터 보호하여 건강하게 지킬 수 있습니다. 이래서 비타민C는 수상 항산화제Aquatic antioxidant라고 이름을 붙여봤습니다. 바다에서 잘 싸우는 해군에 해당하는 셈이지요.

열대성 과일, 감귤, 양고추Pimiento, 브로코리Broccoli 같은 청과나 채소에 풍부합니다. 물에 신속히 녹기 때문에 다른 항산화제들이 미쳐 도달하기 전 제일 먼저 일선에 도착해 싸웁니다. 군대로 치면 선발대에 해당한다고 할 수 있습니다.

비타민C가 노화Aging 현상을 지연시킨다는 연구 발표가 있어 아주 흥미롭습니다. 만 명 이상을 대상으로10여 년에 걸쳐 시행한 임상실험 보고가 있습니다.

하루 50mg 씩 비타민C 복용했을 때 10% 이상, 300mg 씩 비타민C를 복용시켰더니 비교군에 비해 42%나 사망률이 줄었다고 합

비타민은 현재 일일 권장량으로 60mg을 추천하고 있으나 턱없이 모자라는 양입니다. 최소한 하루 1000mg 이상 복용함이 적절합니다. 흡연가들은 하루 3000~6000mg 복용하심도 좋습니다. Vitamin C는 수용성이라 과다 복용해도 부작용이 없는 것으로 알려져 있습니다. 또 노화현상을 지연시킨다는 연구 발표가 있어 식탁에 항시 마련되어 있어야 할 필수 영양소가 아닌가 싶습니다.

니다. 비타민C는 매일 식탁에 꼭 마련되어 있어야 할 필수영양소가 아닌
가 싶습니다.

현재 60mg이 일일권장량Daily Value으로 추천하고 있으나 턱없이 모자
라는 양입니다. 뉴욕대학의 잰킨스 박사Robert Jenkns는 하루 1000mg가
적합하다고 권합니다.

필자도 하루에 500mg짜리 알약 2개씩 먹는 습관을 오랜 동안 유지해
오고 있습니다. 흡연가나 또는 흡연가와 함께 사는 사람은 몸속에 비타민
C의 저장량이 고갈되지 않도록 특별히 유의해야 합니다. 담배 한 개피를
태울 때 몸속으로 들어오는 유리기를 중화하는 데 적어도 20mg의 비타민
C가 소모됩니다.

나는 뽀빠이Popeye the
Sailor Man라는 만화 속의 캐
릭터를 볼 때마다 비타민C를
연상하고 웃고는 합니다. 술
도, 담배도 많이 피워대는 기
분파의 배를 타는 마도로스입
니다. 자기를 사랑하는 애인
을 넘보고 괴롭히는 사나이가
있어 싸우러 갈 때마다 통조림된 시금치를 먹습니다. 이로 인해 힘을 얻
어 한방의 주먹으로 승리를 거둡니다. 애인을 위기에서 꼭 구출하곤 합니
다. 옛날 필자가 클 때 즐겨 보던 만화였습니다. 그 만화가는 왜 하필 시
금치를 에너지원으로 선택했을까 생각해 보았습니다.

시금치 속에 에너지가 아니라 "항산화제가 많아!" 하며 혼자 웃습니다. 비타민C는 브로콜리, 녹두나물, 칸타롭, 키위, 오렌지, 파파야, 딸기, 고구마, 단고추, 수박, 시금치 같은 과채소류에 풍부합니다.

담배를 아직 끊지 못하신 분, 술이 좀 과하신 분, 또 본의 아니게 담배 연기를 마시며 사시는 가족들은 비타민C를 식탁에 보조식품으로 항시 준비해 둘 것을 권합니다. 하루 500~1000mg 씩 드시도록 온 가족에게 권하십시오. 일반 음식으로 부족한 양을 보충하는데는 꼭 보조식품Food Supplement이 간편하고 경제적입니다.

다. 비타민E와 비타민C 세포의 외곽과 내곽을 지켜주는 항산화제입니다

우리가 호흡하는 동안 산화전쟁Oxidative battle이라는 내전內戰이 몸 안에서 쉬지 않고 계속된다 말씀드렸습니다. 산화전쟁에서 유리기들은 적군Enemy soldier에 해당하고, 항산화제는 아군Allied soldier이라 하겠습니다.

산소호흡을 통해 적군이 계속 훈련, 보충됩니다. 몸속 세포라는 전쟁터에 집결되어 많은 부수피해Collateral damage를 준다고 했습니다. 이 때문에 항산화제라는 군인을 훈련시켜 공급해 주어야 합니다. 음식이라는 군수물자의 신무기로 무장한 아군들을 하루도 쉬지 않고 보충해 줘야만 산화전쟁에서 승리할 수 있습니다.

문제가 있기 전에 꼭 해답이 미리 마련되어 있습니다.
사람의 생명과 건강도 같은 맥락에서 창조되었습니다. 산화Oxidation와

중화Reduction라는 음양의 원리가 바로 그것 입니다.

성경에서도 다윗은

"내가 주께 감사하옴은 나를 지으심이 신묘막측하심이라." (Psalm 139장 14절)

라고 우리 몸의 신비한 구조와 기능에 대해 창조하신 하나님께 감탄과 감사를 드렸습니다. 신묘막측이란 용어가 어려워 찾아 보았더니 '경외롭고 아름답다,' 영어로는 'Fearful and Beautiful' 라고 번역되어 있었습니다.

항산화제가 가득 들어 있는 씨 맺는 과실과 채소로 음식 삼아 먹고 살아야만 한다고 엄히 명령(창세기 1장 29절)한 말씀도 놀랍고 감사하지 않을 수 없습니다. 할렐루야.

비타민C라는 해군들이 체액Body fluids을 따라 순찰하는 동안, 비타민E라고 하는 항산화제는 단단한 조직에 상륙하여 유리기들의 침범을 막아 내 줍니다. 이들을 토코페롤Tocopherol이라고도 합니다. 기름에 잘 녹는 물질입니다.

우리 몸세포들은 지방산이나 콜레스테롤 등이 서로 잘 배분 연합되어 엷은 막으로 둘러 싸여져 있습니다. 이것을 세포막Membrane이라 합니다.

건전한 세포막이 유지되어야 세포가 건강합니다. 비타민E와 같은 지용성Fat - soluble 항산화제만이 세포막 속에 잘 침투할 수 있습니다. 이래서 비타민E는 세포들의 외곽을 지키는 보병이라 볼 수 있습니다.

그뿐이겠습니까? 지용성이기 때문에 혈액 속에 운반되고 있는 LDL이란 기름운송 차량에도 잘 접선 승차를 합니다. 특히 콜레스테롤을 산화되지 않도록 각별히 보호하는 역할을 담당하고 있습니다. 콜레스테롤이 유리기에 침범을 받으면 즉시 산화 콜레스테롤Oxidized Cholesterol이 되어 동맥경화를 일으키는 주요인으로 전락하고 맙니다.

원래 콜레스테롤은 해로운 물질이 아닙니다. 아주 이로운 물질입니다. 산화된 콜레스테롤이 문제아Trouble maker입니다.

비타민E라는 항산화제가 심장병 예방에 좋다는 얘기입니다.

병원에서 일하는 8만여 명의 간호사들을 대상으로 실험한 보고가 있습니다. 하루 200IU(International Unit)의 비타민E를 복용시켰을 때 심장병에 걸릴 확률이 하루 3IU를 섭취한 사람들보다 3분 1로 줄어들었다는 보고였습니다. 비타민E는 스스로 항산화제의 역할을 효과적으로 감당하지만 비타민C와 함께 복용할 때는 더 큰 상승Synergy 효과가 있습니다.

항산화제도 여러 번 쓰고 나면 폐품이 되어 보호기능을 잃고 맙니다. 그러나 수용성 항산화제인 비타민C가 비타민E를 재생시키는 역할을 합니다. 재생된 비타민E는 다시 싸울 수 있게 됩니다. 하루 요구량을 10~30IU으로 되어 있으나 비타민E의 유익성이 발견되면서 400IU까지 권하고 있습니다. 1500IU 이상의 과용은 피하는 것이 좋습니다.

독자들의 IU 단위의 이해를 돕기 위해 설명하겠습니다.

비타민E는 그리스 원어에 임신Toco한다는 말로, 임신하고 분만 하는데 필수 영양소라는 뜻에서 Tocopherol 이라는 이름이 붙었습니다. 그 종류가 다양하고 그 역가Biological potency도 동일하지가 않습니다. 인위적으로 합성한 알파 - 토코페롤의 1mg을 기준으로 IU란 단위를 정했습니다. 근래는 IU 단위 대신 mg의 단위를 더 많이 쓰고있으니 참고하기 바랍니다.

비타민E를 구입할 때는 〈mixed tocopherols〉라 적혀 있는 것이 자연식품에 더 가깝습니다, 그 역가는 대충 IU/1.5mg 으로 이해하면 쉽습니다.

보조식품 외에도 자연식품 중 기름을 짜는 콩, 해바라기씨, 유채, 깨씨 등 모든 씨 맺는 곡식에 풍부하게 저장되어 있고 밀, 보리, 쌀 등 곡물의 씨눈에 많습니다. 동물성 식품에는 아주 적습니다. 그래서 성경에서도 육식을 할 때는 반드시 쓴 나물과 함께 먹도록 가르친(출애굽기 12장 8~9절) 그 이유를 알 듯도 합니다.

라. 카로틴노이드는 채소 속에 짙은 색소들이 아주 좋은 항산화제입니다

모든 식물들의 색갈은 다양합니다.

대별하면 노랑, 오렌지, 분홍의 색소로서 지용성인 카로티노이드Carotenoids류와 수용성인 후라본노이드Flavonoids류가 있습니다. 이들은 비타민C 및 비타민E와 더불어 3대 항산화제의 하나로 의학계에 각광을 받고 있습니다.

500여 개 이상의 카로틴 유사 물질들이 있는데 이들을 대표로 카로틴 무리라는 뜻으로 〈카로티노이드〉라고 부릅니다. 카로티노이드는 분자 내에 산소를 함유하지 않는 것과 산소를 함유하는 것으로 대별됩니다.

전자의 대표적인 것은 당근, 녹색잎에서 추출되는 β-카로틴이고, 후자는 토마토, 수박 등의 과실에서 추출되는 라이코핀Lycopen, 옥수수와 노란 호박 등에 들어있는 루테인Lutein 등 약 40종류가 확인되었습니다.

동물 체내의 카로티노이드는 식물성 음식에서 이행되어 체지방에 녹아서 저장된 것들입니다. 동물에서는 난소, 알, 간, 망막, 피부, 유즙Milk 등에 들어 있습니다. 그중 가장 잘 알려진 당근에서 추출되는 주황색 색소인 β-카로틴은 동물 체내에서 비타민A로 변합니다. 이는 예비 또는 준 비타민A(Pro-비타민A)로 많이 알려졌습니다.

카로티노이드 중에서 동물에 섭취되어 비타민A의 효력을 보이는 것은 β-카로틴, α-카로틴, γ-카로틴 이중에서 효력이 가장 강한 것은 β-카로틴이고, 나머지는 그 절반 정도에 달합니다.

비타민A의 기능 외에도 카로틴이 풍부한 과일과 채소를 많이 섭취하면 암, 심장병, 눈병, 노화 방지에 특효가 있는 것으로 증명되었습니다.

근래 핀란드Finland의 실험결과에 의하면 β-카로틴 자체의 효과보다 과일과 채소를 직접 섭생할 때 β-카로틴 외에도 다양한 카로티노이드 군들이 서로 협력하여 암세포를 저지하는 데 몇 배의 상승효과를 가져오는 것으로 나타났습니다. 성경에서도

"모든 것이 합력하여 선을 이루느니라."
라는 로마서8장 28절의 말씀이 영양학에서도 새롭습니다.

라이코펜Lycopene은 토마토의 빨간 색소 속에 풍부히 들어 있는 카로티노이드 군의 일종입니다. 이태리 학계의 보고에 의하면 하루에 5~6개의 토마토를 섭식할 때 하루 2개 이하로 섭식한 사람들보다 위암이나 직장암에 걸릴 확률이 적어도 60%나 낮아지는 효험이 있다고 합니다. 스파겟티라는 국수음식이며 피자에 토마도 쏘스를 기본으로 요리하는 이태리사람들의 지혜를 우리는 배워야 하겠습니다.

토마토 외에도 빨간색의 포도나 단고추 속에 라이코펜이 많이 들어 있습니다.

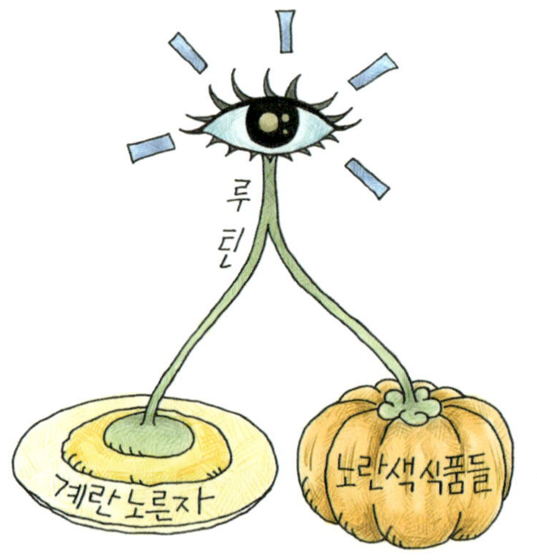

다음으로 각광을 받는 카로티노이드로는 루틴Lutein이 있습니다. 계란 노른자와 색깔이 같다고 해서 붙인 이름입니다. 청채, 금잔화, 노란 옥수수, 알팔파Alfalfa, 노란 단호박에 풍부히 들어 있습니다. 신비한 것은 사람의 눈 망막황반

Macula에 많이 저장되어 있습니다. 우리 몸에서 자체 생산은 안되니 계란 노른자나 채소를 섭생을 통해서만 우리 몸 안으로 공급이 가능합니다.

사람은 늙으면서 눈의 망막이 쇠퇴되어 시력을 잃어 갑니다. 이 병을 노화망막퇴화증Age - related Macular Degeneration 또는 약자로 AMD라고도 합니다. 그런데 루틴섭취로 이 병을 예방할 수 있다는 소위 〈Lutein / AMD설〉을 미국외 안과학회에서 권장하고 있습니다.

일단 AMD에 걸리면 치료는 되지 않습니다. 루틴을 일찍 섭생하면 예방과 더이상 악화되지 않도록 해주는 지연 효과를 볼 수 있습니다. 하루 권장량은 20mg입니다.

다음의 과일과 채소를 골라 섭생하면 루틴을 충분히, 그리고 손쉽게 섭취할 수 있습니다. 20mg 양의 루틴은 100g의 신선한 셀러리, 1.8 kg의 브로콜리, 200g의 치커리잎, 160g의 크레스잎, 91g의 케일, 158g의 시금치, 294g의 빨간 단고추, 181g의 스위스차드 등에 해당하는 양입니다. 노란 색깔의 과일과 채소가 으뜸입니다. 필Pill로 만들어 진 루틴 보조식품으로 쉽게 또 경제적으로 공급섭생할 수 있습니다.

식료품 쇼핑을 가거든 위에 열거한 색소가 짙은 채소를 구입하여 천연 항산화제인 카로티노이들을 가족에게 충분히 공급, 가족의 몸 안에서 자라고 있을 성인병을 예방하시기를 부탁합니다. 이래서 '음식은 약이고, 약이 음식이다' 라고 히포크라테스는 2500년 전에 가르쳤습니다.

성경 에스겔 47장 12절에도

현대의학의 아버지라 불리우는 희랍의 철학자 Hippocrates는 2,500년 전에 "음식이 약이요, 약이 음식이다." 라고 가르쳤습니다.

"그 실과는 먹을 만하고, 그 잎사귀는 약 재료가 되리라."

라고 기록되어있습니다. 우리가 매일 사다 먹는 식품이 모두 우리 몸을 지켜주는 약이 되길 바라는 마음 간절합니다.

마. 토마토 라이코펜은 전립선암에 좋은 항산화제입니다

식품 속에는 7000여 종의 다양한 항산화제가 존재한다 합니다. 아직 구조와 기능이 과학적으로 확인되고 정립되어 있지는 않습니다. 중요한 것은 왜 이렇게 다양한 항산화물질들을 음식물 속에 준비해 놨을까 하는 것입니다.

항산화제들은 한가지씩 섭생할 때보다 혼합하여 칵테일로 함께 섭생하면 더 큰 상승효과가 있습니다. 한 예로 오늘 날 중년 남자들은 나이가 들어 갈수록 전립선암Prostate Cancer에 걸리는 위험률이 높아진다고 합니다.

캐나다에 만해도 1년에 1만 9,000명씩이나 전립선 암환자가 새로 생겨 납니다. 남성들에게는 혹시 걸리지나 않을까 하는 심리적 압박을 주는 병입니다. 여성들에게 있는 유방암 만큼이나 두려운 병이지요. 그런데 토마토로 요리한 음식을 많이 섭생하면 전립선암에 걸릴 확률이 절반으로 감소한다는 하버드 의과대학의 연구보고가 있습니다. 토마토에는 라이코펜Lycopene이란 항산화제가 많아 전립선암 예방치료에 효과가 있다는 얘기입니다.

이 발표가 있은 후 정제된 라이코펜 알약이 영양 보조제로 중년남성들에게 대단히 애용돼오고 있습니다. 그러나 근래 오하이오 주립대학에서는 정제된 라이코펜 알약과 토마토 식품들과 직접 비교실험을 했습니다. 같은 양의 라이코펜 투약에도 불구하고 정

제된 라이코펜보다 토마토 식품이 전립선암 방지에 26% 이상 더 효과가 있었다고 합니다. 이는 라이코펜 이외에도 토마토 안에 숨겨져 있는 다양한 항산화제와 유익한 다른 물질이 있어 라이코펜 자체 이상의 상승작용을 한다는 설명이었습니다.

한 가지 라이코펜 알약보다는 직접 토마토로 된 음식들을 많이 섭생하기를 권합니다. 토마토 안에는 아직 알려지지 않은 4,000여 가지의 항산화제가 함께 들어 있기 때문입니다. 그래서 항산화제들은 단독 연주자 Solo player가 아니고 여럿이 함께 협력하는 오케스트라의 단체 구성원들입니다.

흡사 관현악에 크고 작은 각종 악기들이 함께 합주Harmony되어 나오는 심포니의 아름다움과도 같은 맥락입니다. 이를 가리켜

"모든 것이 협력하여 선을 이루느니라." (로마서 8장 28절)한 성경말씀이 참 적절하지 않은가 생각됩니다. 그래서 한 가지 비타민C 나 E만 단독으로 매일 섭생한다고 몸 안에 축적되는 유리기들을 모두 중화처리시켜주겠

지 하고 생각하면 지나친 기대일 수 있습니다.

우리가 씨 맺는 채소와 과일을 많이 섭생하면 항산화제들을 자연히 섭취하게 된다고 했습니다. 이들은 서로 연합하여 상승작용을 하여 더 효과적입니다. 항산화제 식이요법은 다양한 과일과 채소로 충분히 섭생하는 것이 제일 바람직한 방법입니다.

그러나 이론은 쉽지만 현실은 다릅니다.

연구조사에 의하면 북미에서 실제 채소와 과일 섭생량은 권장량에 10%도 못 미친다고 합니다. 다시 말하면 식품을 통한 항산화제 섭취량이 권장량의 10%밖에 안된다는 이론입니다. 그럼 무엇으로 부족한 항산화제를 보충 할 것인가? 참 심각한 문제입니다.

오늘날 보조식품은 불가피한 필수품이 아닐 수 없습니다.

우리는 기능성 식품시대에 살고 있습니다. 북미의 식품산업은 약 5000억 불의 규모가 됩니다. 이중에 기능성식품이 약 270억불이 넘는다고 합니다. 매년 10%의 증가율로 성장해 앞으로 10년 후면 적어도 60~70%의 식품들이 기능성 식품으로 비약할 것으로 예상되고 있습니다.

영양 보조식품들도 기능성 식품에 속하는 것으로, 자연식품에서 추출하여 캡슐이나 알약으로 유통되어 소비자들의 선호도가 매우 높습니다. 이들은 약과 구분하여 영양제Nutraceutical로 칭합니다.

항산화제들도 자연 식품인 채소와 과일에서 추출 농축하여 보조식품화하고 있습니다. 종합 항산화제Antioxidant cocktail나 천연 식품인 딸기류, 감귤류, 포도류, 녹차류, 버섯류, 붉은포도주 등에서 추출 농축한 자연 항산화제들을 복용하하는 것이 바람직합니다.

"사람의 소용을 위한 채소를 자라게 하시며," (시편 104장 14절)

"연약한자는 채소를 먹느니라." (로마서 14장 2절)

"밭 가는 자들이 쓰기에 합당한 채소를 내면 하나님께 복을 받고," (히브리서 6장 7절)

"밭의 모든 나무가 시들었으니 인간의 희락이 말랐도다." (요엘 1장 12절)

"포도원이 내 궁 곁에 가까이 있으니 내게 주어 나물밭을 삼게 하라." (왕상 21장 2절)

2. 가공식품

옛날 가난할 때 '먹고산다' 는 말을 '입에 풀칠한다' 라고 했습니다. 간신히 연명한다는 말입니다.

곡물이 부족해 배고프던 때가 그리 오래 전이 아닙니다. 한국도 70년대만해도 입에 풀칠을 간신히 하며 살았습니다. 춘궁과 보릿고개를 절기 행사처럼 매년 겪고 살았습니다.

동서 고금을 막론하고 인류의 역사는 전쟁과 흉년으로 기아의 연속이었습니다. 2차대전 후 폭발적인 인구증가로 심각한 식량문제에 봉착했었습니다. 그후 농업생산기술이 눈부시게 발달했습니다. 이 농업기술이 지구상의 70억 인구를 기아에서 해방시킬 수 있었습니다. 이 획기적 기술변혁을 녹색혁명Green Revolution이라고도 합니다.

오늘날도 식량이 없어 굶는 나라가 꽤 많습니다. 그러나 이는 식량부족이 원인이라기 보다는 정책과 분배기술의 빈곤이 그 원인 이라 하겠습니다.

축복의 열매인 쌀, 보리, 밀 같은

씨 맺는 식물들은 70억 인구를 먹여 살리는 주곡물입니다. 전분 Carbohydrate을 많이 포함하고 있어 전분곡물Cereal grain이라고도 부릅니다. 가장 경제적이고 효율성이 높은 열량 식품Energy Food입니다. 석유를 태워 자동차가 움직이듯이, 우리 몸 안에 세포들은 전분 곡물을 먹고 흡수한 전분을 연료로 태워 생명 유지와 활동을 하게 됩니다.

이 씨 맺는 열매 속에는 전분 외에 많은 영양소들이 포함되어 있습니다. 필수지방산, 단백질, 섬유질, 철분, 폴산, 그리고 토코페롤과 같은 다양한 항산화제들이 풍부하게 들어 있습니다. 그러나 가공이란 공정을 거친 후 우리의 식탁에 도달할 때는 우리 몸을 보호할 필수 영양소들은 이미 다 도적 맞은 뒤입니다. 가공 공정을 거치는 동안 이 천혜의 영양소들이 파괴, 또는 손실되었습니다. 아무리 좋은 식품을 생산해 놓고도 지혜롭게 사용하지 못하면 손해를 보고 삽니다.

오늘날 우리가 당하고 있는 건강문제는 식량부족에서 오는 영양실조가 아닙니다. 너무 많이 먹어서, 잘못 만들어 먹어서 생기는 병들입니다.
경제가 발달하여 잘사는 사회일수록 가공식품이 더 범람해 있습니다. 우리가 살고 있는 북미는 더 더욱 그렇습니다. 두 사람당 한 사람은 비대증환자요, 당뇨병환자라는 통계가 잘 설명해 주고 있습니다.

주식 곡물인 밀Wheat을 예로 들어 생각해 봅시다.
밀을 도정하여 하얗게 밀가루(맥분)로 정제한 후 빵을 제조해 우리 식탁에 올려 놓습니다. 가공을 통해 변화된 그 영양가를 비교해 봅니다.
많은 영양소를 제거했기 때문에 밀가루의 열량가Caloric Value는 통밀에 비해 약 10%가 높습니다. 그러나 통밀 속에 있는 비타민의 66%, 무기물 영양소의 77% 이상이 손실되어 있습니다. 요사이 새롭게 각광을 받는 섬유질 영양소는 80% 이상 손실되었습니다. 단백질도 20% 이상 없어졌습니다. 필수 지방산인 오메가-3도 통밀에 비해 20% 나 줄어들어 있습니다.

가공으로 손실된 영양소들을 가공 후 재첨가하여 판매한다고 하지만 원래 천혜적으로 곡식 속에 준비되어 있는 다양한 영양소들의 양과 비율을 원상으로 회복시킬 수는 없는 것입니다.

천혜의 식품은 우리의 건강을 위한 최상의 완전식품입니다.
가공의 기술로 향상 시키기는커녕 오히려 생명을 주는 영양소를 도적질해 버렸습니다. 생명을 주는 영양소 대신 생명을 해치는 화학물질로 대체할 때 더 위험이 뒤따른다는 것을 알아야 합니다. 가공식품은 천연식품이 주는 생명력을 다 빼앗긴 위험한 음식들입니다.

오늘날 전곡 식품Whole grain 시대로 가고 있어 다행스럽게 생각합니다. 식당엘 가도 흰빵과 검은빵을 선택할 수 있습니다. 아침 식사용 시리얼도 이태리 음식인 스파게티도, 베이글이나 머핀도 전곡으로 만들어 영양가를 부가시켜 파는 시대가 오고 있습니다. 소비자들이 점점 영양학에 지식이 늘어가고 지혜로워 진다는 증거이기도 합니다.
하나님도
"내 백성이 지식이 없으므로 망하는도다." (호세아 4장 6절)
하시며 네가 지식을 버렸다고 통탄하셨습니다 이 귀한 지식을 되찾아 건강해야겠습니다.

옛날, 아주 옛날 필자가 어렸을 때 일입니다. 보리 개떡이라는 음식 아닌 음식이 있었습니다. 한국 농가에서 보리쌀을 찧고 남는 겉껍질 가루를 납작하게 호떡처럼 빚어 떡으로 만들어 먹는 아주 소박한 음식입니다. 강낭콩이나 쑥이라도 곁들여 만들면 꽤 먹을 만한 특식으로 기억됩니다. 특히 보릿고개를 지날 때면 구황식품Famine foods이었습니다.

〈보리개떡〉이라는 음식 아닌 음식이 있었습니다. 옛날 농가에서 보리쌀을 찧고 남는 겉껍질 가루를 납작하게 호떡처럼 빚어 떡으로 만들어 먹는 아주 소박한 음식입니다. 강낭콩이나 쑥이라도 곁들여 만들면 꽤 먹을 만한 특식이 됩니다. 보리고개 때면 훌륭한 구황식품이 되기도 하였습니다. (사진은 종이인형작가 김순옥 씨의 작품 〈방아 찧는 모녀〉)

이 개떡에 숨겨 있는 수많은 영양소들을 지금와서 생각해 보면 음식 중에 특식이요, 보약 중의 보약이었음을 알게 됩니다. 하마터면 낭비했을 비싼 영양 보조제인 것입니다. 얼마나 귀한 건강음식이었는지 모릅니다.

나. 껍질과 씨눈 있는 전곡 음식이야말로 약입니다

전곡Whole grain은 껍질Bran, 배젖Endosperm, 배종Germ 등 세 부분으로 구성되어 있습니다. 도정Milling이란 이 껍질과 배종을 제외한 배젖 가운데 저장되어 있는 전분을 분리하여 밀가루를 생산한다는 말입니다.

배젖내의 밀가루는 배종(씨눈)이 다시 싹이 터 새생명으로 자라나는데 필요한 연료Energy의 창고인 셈입니다. 곡식들은 껍질에 여러 겹Multi - layers에 둘러싸여져 있으며 그 사이 사이마다 새 생명을 부양하는데 필요한 영양소들을 무진장으로 저장해 놓았습니다.

씨눈인 배종 속에는 새생명의 유전자(DNA)와 배아胚芽를 보호하고 양육하는 데 필요한 모든 영양소들이 저장되어 있습니다. 불행한 것은 도정 과정에서 이 천혜의 영양소들이 섬유질인 껍질과 더불어 모두 손실된다는 사실입니다.

손실된 중요 영양소들을 열거하고 되돌려 사용할 수 있는 방법을 연구해 보겠습니다.

섬유질인 껍질 구조물질은 고분자 탄수화물입니다. 곡식을 정미하고 나면 쌀겨Rice bran, 밀기울Wheat bran, 보리쌀겨Barley bran 등이 남습니다. 이들은 사람이 먹어도 그 구조가 단단해서 소화가 되지 않고 빠른 속도로 대변을 통해 배설되고 맙니다.

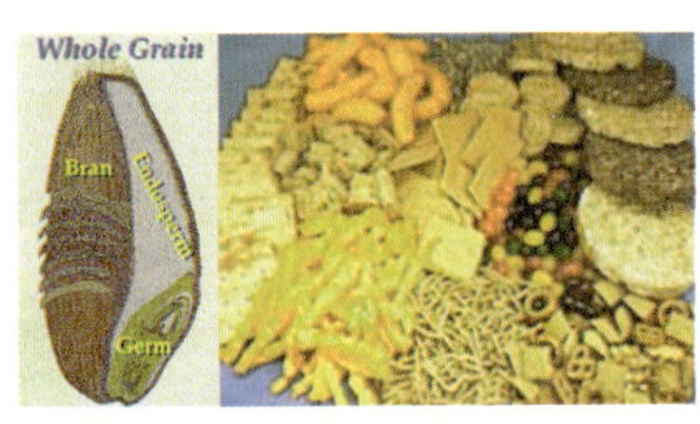

우리는 그동안 가공이라는 기술을 통해 섬유소를 제거한 음식을 섭식해 왔습니다. 잘 사는 나라일수록 무섬유질fibre - free인 가공 음식에 많이 노출되어 있는 편입니다.

우리는 가공이란 사람의 기술 Human skills을 통해 섬유소를 제거한 음식을 오래 동안 섭식했습니다. 잘 사는 나라일수록 무섬유질Fibre인 가공 음식에 많이 노출되어 있는 편입니다. 당뇨병, 심장병, 암과 같은 성인병이 가난한 나라보다 잘 사는 나라에 많이 발생하는 것이 절대 우연이 아닙니다.

많은 성인병은 무섬유 음식과 관계가 있습니다. 영양가Nutritional value는 없지만 식이섬유Dietary fibre가 성인병을 예방하는 데 효과가 있음을 알게 된 것은 60년대부터 입니다. 오늘날 섬유질은 중요한 영양소로 하루 최소한 25~30g 정도 섭취하길 권장하고 있습니다.

섬유질에는 두 가지가 종류가 있습니다. 물에 잘 녹는 수용성 섬유Soluble fibre와 물에 녹지 않는 불용해성 섬유Insoluble fibre가 그것입니다. 둘다 소화도, 흡수도 되지 않습니다. 그러나 그 기능이 다릅니다.

용해성 섬유는 물에 녹으면 풀처럼 엉기는Gummy 성격을 지니고 있어 소화기 내에서 콜레스테롤Cholesterol이나 탄수화물Carbohydrates들을 묶어버려 흡수를 지연시키거나 방지합니다. 결과로 혈액 속의 콜레스테롤Blood cholesterol과 혈당Blood glucose을 조절하는 효과를 가지고 있어 심장병이나 당뇨병을 예방해주는 데 아주 중요한 일을 담당합니다.

주로 씨 맺는 채소와 과일 속에 많이 들어 있습니다. 사과, 살구, 무화과 열매, 망고, 오렌지, 복숭아, 자두, 루밥Rhubarb, 딸기Strawberries 등에 많습니다. 씨 맺는 곡식에는 보리Barley, 귀리Oat 등 특히 겨Bran 속에 많습니다. 보리밥을 심장병 예방 식이요법으로 권장하는 이유가 여기에 있는 것입니다. 옛날 우리 조상들이 먹었던 보리개떡에 숨은 사연을 생각할 때마다 감탄해 마지않습니다. 이 보리개떡에 수용성 섬유가 가득 들어 있습니다.

하바드의대 연구팀에 의하면 하루평균 수용성 섬유질을 7g 이상 섭생한 사람은 하루 4g 이하로 섭생한 사람보다 40% 이상 심장병에 걸릴 확률이 줄어든다고 합니다.

다음으로 물에 녹지 않는 섬유질Insoluble fibre은 내장 속에서 불순물, 불필요한 기름이나 콜레스테롤, 수분Water 등을 스펀지처럼 흡수하여 대변과 함께 빨리 몸밖으로 배설하는 일을 합니다. 음식이 소화기를 통과하는 시간도 크게 단축시켜 줍니다. 이 때문에 변비Constipation나 치질Hemorrhoid, 게실염Diverticulitis을 예방하는 데는 아주 특효입니다. 특히 직장Colon에 변이 머무는 시간을 단축해 줍니다. 발암물질이나 병균과 접촉 기회를 효과적으로 제거 또는 단축시켜 준다는 이론입니다. 고로 직장암Rectal cancer, 또는 결장암Colon cancer 예방에 아주 효과적입니다. 전곡Whole grain 음식, 특히 현미Brown rice밥이 유행하는 이유가 여기에 있는 것입니다.

섬유질로 식이요법을 할 때는 대장에서 수분을 많이 배설시키므로 대신 물도 많이 마셔야 합니다. 섬유질은 소화가 되지 않고 많은 양이 대장에 도달하면 발효균Fermenting microbe들이 곧 발효작업을 시작합니다. 이때 생기는 개스Gas가 축적되면 방귀Fart를 자주 뀌는 불편도 있습니다. 섬유질은 하루에 적은 양(5~10g)부터 서서히 시작하여 25~30g 까지 증가시켜 주는 것이 지혜로운 방법입니다.

전곡Whole grain은 크게 겹실, 배젖Endosperm, 배종(씨눈·Germ)으로 구성되었다고 했습니다. 도정Milling을 통해 배젖에서 녹말가루를 만들고, 껍질과 씨눈이 겨라는 부산물에 남습니다. 녹말가루를 빼낸 후 나머지는 부산물로 흔히 동물사료로 이용되곤 했습니다. 이들을 곡물의 명칭을 붙여서 쌀겨, 밀기울, 보릿겨라 부릅니다. 짐승들의 먹이 대신 사람이 먹도록 만든 음식이 소위 보리개떡이었습니다.

배종은 새 생명을 자라게 하는데 필요한 물질을 함유하고 있습니다. 수분과 온도만 적절하면 배아가 세포분열을 시작, 싹이 트고, 씨를 맺을 만반의 준비가 되어 있는, 새 생명을 안고 있는 어머니의 모태와도 같습니다.

동물이건 식물이건 간에 생명은 신묘막측Fearful and wonderful 한 하나님의 창조물입니다.(시편 139장 14절)

씨맺는 배종胚種에는 새생명을 만들어내는 설계도(DNA)도 준비되어 있습니다. 그 설계와 정보를 보호하는 철저한 보안장치도 있습니다. 새생명을 만들어내는 데 필요한 일체의 건설재료들이 완전하고도 철저하게 구비되어 있습니다.

이 새생명을 창조하는데 쓰여지는 천혜의 재료들을 동물의 사료로 빼았기다니 얼마나 억울합니까?

식품가공이란 행패로 유익한 영양소가 쌀겨나 보리겨라는 부산물에 섞여 버려집니다.

"모든 것이 가하나 모든 것이 유익한 것이 아니요."(고린도전서 10장 23절)란 성경말씀처럼 가공식품은 유익한 식품이 아닙니다. 오늘 범람하는 가공식품은 모두 무식의 소치입니다.

"지식이 없어 망하는도다."

했고,

"지식을 다 버렸도다."(호세아 4장 6절)

했습니다. 맞습니다. 지극히 상업화된 식품산업은 이 지식을 알면서도 외면하고 있습니다. 가공 음식은 우리가 어쩔 수 없이 소비하지만 절대 유익하지 못합니다.

사람이 호흡할 때 생겨 우리의 몸을 해치는 활성산소와 산화된 음식으로 들어온 유리기Free radicals들의 행패로부터 보호해주는 항산화제가 배아(씨눈)에 유난히도 풍부합니다. 특히 토코트리엔놀Tocotrienols이란 물질은 지용성 토코페롤의 일종으로 유리기들과 싸워 이기는 능력이 다른 토코페롤들 보다 갑절이나 더 강한 최상급 항산화제입니다.

이 물질은 지방산Fatty Acids들을 산화하지 않도록 보호하는 데 특출납니다. 심장병과 암, 특히 유방암과 피부암 예방에 특효가 있다는 임상실험 보고가 있습니다. 혈액 속에 LDL-콜레스테롤을 산화되지 않도록 특히 잘 보살펴 줍니다. 산화된 콜레스테롤이 동맥경화증에 직접적 요인이 된다고 우리는 배웠습니다. 토코트리엔놀을 하루 200mg씩 12개월간 복용했더니 혈관내 통로를 깨끗이 청소하는 효과가 있었다는 보고도 있습니다.

동맥경화는 혈관내부에 기름덩어리가 오랜 동안 쌓여 통로가 좁아지고 혈액순환을 가로막는 과정을 말한다고 했습니다. 토코트리엔놀은 항산화제 기능 외에도 간장에서 콜레스테롤 신진대사에 직간접으로 관여하는 것으로 알려져 있기도 합니다.

이미 설명한 바 있지만 토코트리엔놀은 다른 토코페롤들 보다 항암효과가 높다고 합니다. 유방암과 피부암에 효과가 있음이 알려졌습니다. 쌀겨, 보리겨, 열대지방에서 나는 야자유에서 뽑아 정제한 보조식품이 암예방을 위해 많이 선호됩니다. 토코트리엔놀은 캡슐로 상품화하여 쓰기에 간편합니다. 임상실험에 보고에 따르면 하루 약 200mg이 권장량입니다. 복용량 360mg 이내에서는 아무런 부작용이 없다고 합니다.

요사이 곡물의 배아(씨눈)를 따로 뽑아 최상급 항산화제 토코트리엔놀을 정제해 곱게 포장하여 건강식품으로 판매하고 있습니다. 아주 비싼 기능성 식품으로 팔리고 있습니다. 잘사는 사람들이 즐기는 식품이 됐습니다.

다른 지방 용해성 비타민처럼, 토코트리엔놀을 복용할 때는 캡슐로 된 어유Fish oil나 아마유Flax oil와 함께 섭생하는 것이 좋습니다. 빈 속에는 흡수가 잘 안되기 때문에 식후에 섭생함이 좋으나 가격이 아주 비싼 것이 흠입니다.

다행스럽게도 요사이 곡물의 배아(씨눈)를 따로 뽑아 정제해 곱게 포장하여 건강식품으로 판매하고 있습니다. 아주 비싼 기능성 식품으로 팔립니다. 잘사는 사람들이 즐기는 식품이 되었습니다. 이렇게 귀한 영양소들을 손실되거나 가축의 사료로만 쓰곤 했으니 얼마나 억울합니까?

그러나 가난했던 이유로 우리 조상들은 보리개떡으로 만들어 먹었습니다. 보리개떡은 굶지 않기 위해 먹던 음식이었습니다. 옛날 못살 때, 식량이 없어 굶을 때, 구황식품으로 보리개떡을 먹었던 것은 참으로 지혜로운 일이었습니다.

보리개떡 사연이 담긴 노래가 있습니다.

오라버니
집에 가건
개떡 먹은 숭보지 마우.
이 담에 잘살거든
찰떡 치고
메떡 쳐서
고대광실에서 맞으리다.

옛날 못 살 때 먹던 보리개떡은 구황식품이었습니다. 가난 속에서도 지혜가 담뿍 담긴 우리만이 아는 건강음식이었습니다. 값비싼 항산화제의 가치를 알았던 우리 조상의 얼이 담겨 있음을 알게 됩니다.

라고 오라버니에게 개떡밖에 대접할 수 없었던 누이의 서글픈 마음을 담은 노래가 민간에 아직도 전해 내려옵니다. 그 못살았던 사회모습을 노래가사에서 볼 수 있습니다.

‘그 음식에 숨은 값비싼 항산화제의 효험의 사연을 알았더면 그 누이가 좀 덜 송구했을 터련만……’ 하고 웃음을 지었습니다. 어쨌든 보리개떡은 참 지혜로운 우리만이 아는 음식입니다. 지금도 먹고 싶은 건강식품입니다.

3. 기름 이야기

하나님이 우주 만물을 창조하시고 기뻐하시며 축복하셨습니다.

"생육하고 번성하여 땅에 충만하라."

하시고,

"온 지면의 씨 맺는 모든 채소와 씨 가진 열매 맺는 모든 나무를 너희에게 주노니 너희 식물이 되리라."(창세기 1장 28절~29절)

하셨습니다.

인간이 먹고 살 식량은 하나님께서 인간에게 주신 첫 번째 축복입니다.

씨 가진 열매는 우리의 식량이며 창조의 목적이 담겨 있습니다. 많은 열매를 맺어 번식Reproduce하고 창대Multiply하여 이 지구상에 자기 종족을 충만케 하는 것이 본래의 임무입니다. 식물도 동물이나 사람처럼 이 지구상에 자기 종족의 영역을 넓혀 번성할 의무와 권리가 있습니다. 그래서 씨는 영역을 넓히기 위해서 긴 여행을 해야 합니다.

동물처럼 자기 발로 걸어서 못갑니다. 바람에 날려서 또는 움직이는 짐 승들에 힘입어 이동합니다. 이동하는 동안 간편하게 싼 짐이 바로 열매입니다. 그 생명을 지고 가는 짐을 가볍게 꾸려야 합니다. 가장 가벼운 식량이 바로 기름Fat입니다. 기름은 녹말보다 가볍고, 물보다 가볍습니다. 그러나 열량Energy content은 녹말보다 배가 넘습니다.

여름철 잔디밭에 피어난 민들레를 보면 알 수 있습니다.

꽃이 피어 많은 씨앗을 맺은 다음 멀리 멀리 여행합니다. 기름으로 짐을 꾸려 낙하산 같은 날개를 달고 가볍게 날아갑니다. 자기 본분을 다하는 충직스러운 민들레의 모습에서 생명의 신비를 체험합니다. 참 신묘막측합니다. 자기 사명을 다하는 민들레꽃에게 숙연 해집니다. 우리 잔디밭은 노란 민들레꽃이 심심치 않게 피도록 관용(?)을 베풀어 두는 이유도 여기 있습니다. 정원을 깔끔하게 가꾸는 이웃 할아버지에게는 좀 미안하지만 이런 핑계로 자위해봅니다.

채소이건 곡물이건 모든 씨 맺는 열매는 싹이 트고, 자라고, 열매를 맺자면 열량이 있어야 합니다. 기름이 제일 좋은 열량원입니다.

기름은 1g당 9칼로리의 열량을 보유하고 있습니다. 녹말이나 단백질은 그 절반도 안되는 4칼로리 밖에 안됩니다. 부피와 무게도 훨씬 가볍고 농축되어 있습니다. 기름은 사람에게도 값비싼 열량원입니다.

기름은 식품으로도 열량가가 높고 효율성도 큽니다. 몸 안에서 쓰고 남은 탄수화물들은 모두 기름으로 만들어 체지방Adipose tissue으로 저축해 둡니다. 필요할 때 다시 빼내 열량으로 소비하게 됩니다. 이래서 너무 먹으면 체지방이 축적되 배가 나옵니다. 기름은 은행에 저축한 돈과 흡사합니다. 경제적 여유가 있을 때 저축했다가 배고플 때 빼내 씁니다. 우리 몸의 열량Energy도 같은 맥락입니다.

씨 맺는 곡식에는 전분Carbohydrates을 열량원으로 축적한 전분곡물 Cereal grain과 기름을 열량원으로 축적한 유류곡물Oil grain로 분류할 수 있습니다. 콩, 옥수수, 유채Canola, 아마씨Flax, 깨씨Sesame seed, 해바라기씨에는 기름함량이(18~50%) 높아 유류곡물로서 가치가 높습니다.

사람이 생활이 윤택해지면 기름소비량도 증가합니다.

현재 캐나다를 포함해 북미에서는 식이성 지방 소비량이 연간 한 사람당 약 30kg가 넘는다고 합니다. 수요에 따라 유류곡물 생산도 증가해 콩기름, 옥수수기름, 유채기름이나 해바라기씨 기름이 캐나다 소비자들에게 아주 익숙한 식유 상품들입니다. 이들을 모두 합쳐 식물성기름 Vegetable oil이라 칭합니다.

기름은 지방산Fatty acid으로 만들어져 있습니다. 지방산에는 포화지방산Saturated fatty acid과 불포화지방산Polyunsaturated fatty acid 두 종류로 나눕니다.

포화지방산은 실내 온도에서 버터처럼 고형질로, 불포화지방산은 실내 온도에서 콩기름처럼 액체상태를 유지합니다.

우리가 많이 소비해온 식물성기름은 대부분 불포화지방산으로 조성됩니다. 동물성 기름은 포화지방산이 많아 대부분 고형질입니다. 우리가 매일 요리할 때 사용하는 식유Cooking oil는 같아

보이지만 지방산 조성이 다릅니다. 지방산조성과 지방산간의 비율Ratio 에 따라 그 기름의 성격이나 영양가치가 현격히 구별됩니다.

60년대부터 성인병 중 심장질환이 한창 기승을 부리기 시작할 때 식물 성기름을 많이 소비하면 혈액 콜레스테롤도 줄어들 뿐더러 동맥경화증 도 감소한다는 학설이 발표되었습니다. 이 학설이 있은 후 50년대에는 일 인당 연간 식물성식유 소비비량이 15kg 미만이던 것이 오늘날에는 두 배 이상 증가했습니다.

사람의 체지방 조성은 먹는 기름의 지방조성을 꼭 닮아갑니다. 기름은 그 지방산 조성에 따라 사람에게 유익하기도 하고 유해하기도 합니다.

반세기가 지난 오늘날 기승을 부리는 성인병도 그간 소비한 기름의 지 방산 조성 때문이라는 학설이 꽤 호소력이 있습니다.

식물성 기름은 주로 오메가-6 지방산과 오메가-3 지방산으로 조성되어 있습니다. 이들은 우리 몸세포들의 건강 유지에 둘 다 꼭 필요합니다. 그 러나 세포 스스로 생산 공급이 불가능합니다. 그래서 반드시 음식을 통해 서만 공급됩니다. 이 두 가 지 지방산을 필수지방산 Essential Fatty Acids이라 부 릅니다. 우리 몸이 정상활 동을 해 건강하려면 이 두 가지 지방산이 반드시 필 요한 데 그 비율이 일대일 (1:1)일 때 가장 유익합니다.

아마유와 감람유를 3:1의 비율로 잘 배합하여 매일 큰술로 한술씩 복용합니다. 공기가 차단한 불투명한 병에 담아 냉장 고에 보관하고 사용합니다. 이는 오메가-3 지방산 요구량 충족은 물론이고, 오메가-6 지방산과 오메가-3 지방산의 비율을 1:1로 접근시키는데 효과적입니다.

그런데 문제는 우리가 그간 오랫동안 즐겨 먹은 식유에는 오메가-6 지방산은 많이 들어 있는데 비해 오메가-3 지방산은 거의 결핍되어 있습니다. 지난 반세기동안 소비한 기름들의 비율이 30:1로 높은 불균형의 음식이었습니다. 자연히 우리 몸의 체지방도 먹는대로 닮습니다. 캐나다 사람들의 체지방도 20:1 비율로 나타났습니다. 아직까지 모르고 있다가 우리의 몸 지방산 조성이 성인병을 가져오기에 아주 적합한 비율이라는 것을 알게 되었습니다. 성인병의 위험요인이 된다는 것도 알게 되었습니다. 그래서 캐나다 보건성Health Canada은 1990년도부터 하루에 최소한 1.2~1.5g 의 오메가-3 지방산을 별도로 삽취할 것을 권장하고 있습니다. 체지방의 오메가-6 지방산과 오메가-3 지방산의 비율을 1:1로 줄이는 데 노력하고 있습니다.

그럼 어떻게 1.2~1.5 g 의 오메가-3 지방산을 매일 섭취할 수 있을까요? 그것은 쉬운 일이 아닙니다.

필자는 아마씨Flax Seed를 갈아서 하루 한 술씩Table Spoon 매일 섭생합니다. 이는 1.3g의 오메가-3 지방산 권장량에 충분한 양입니다.

아마씨Flax Seed는 캐나다에서 많이 생산되기 때문에 손쉽게 구할 수 있습니다. 한국에서는 들깨Perilla japonica를 살짝 볶아 갈아서 하루에 한 술씩 복용하면 같은 분량의 권장량에 해당할 것입니다. 먹는 음식을 닮아가는 우리의 체지방도 1:1의 건강한 지방산 비율에 서서히 접근할 수 있도록 계속 유의하시길 권합니다. 씨 가진 열매로 식량을 주신 하나님께 감사를 드립니다.

기름을 얼마나 많이 먹었으면 몸이 이렇게 변하는가 알아보도록 하겠습니다.

미국이나 캐나다를 동서로 횡단 해보면 얼마나 땅이 큰지, 또 그에 비례하여 식유생산 산업의 규모를 짐작할 수 있습니다.

서쪽에서 출발하여 중서부를 지나노라면 옥수수지대Corn belt란 대곡창 지대가 나옵니다. 자동차로 가도 가도 끝이 없습니다. 이 많은 옥수수를 누가 먹나? 하고 의아할 정도입니다.

조금 더 동쪽으로 가면 또 방대한 콩Soybean밭을 지납니다. 가도 가도 콩밭이 끝이 없습니다. 미국의 방대한 유류 곡물Oil crop 생산규모를 대략 짐작할 수 있습니다. 알버타에서 마니토바에 이르기까지 유류곡물 산업의 방대함을 엿볼 수 있습니다. 노란 꽃의 바다, 유채Canola밭입니다. 불꽃처럼 황홀하게 핀 키다리 해바라기Sunflower밭, 또 싸스카치완 Saskatchewan주에 이르면 연보라색Royal blue 꽃이 물결처럼 흔들어 대는 아마Flaxseed밭을 좌우로 관통하게 됩니다. 그 경작 규모가 지평선을 이룰 정도로 방대합니다. 이렇게 수확한 유류 곡물Oil grain로 짜낸 기름이 우리 식탁으로 공급됩니다.

카길Cargill이나 에이디엠(ADM)과 같은 대기업들이 독점하는 방대한 기름산업 입니다. 지난 반세기동안 이들이 생산 제조한 기름을 아무 이의 없이 그냥 사다 소비하였고, 지금도 소비하고 있습니다. 이 기름들은 보기에는 같아 보이지만 지방산 조성은 다 다릅니다. 알아야 할 것은 우리 몸의 지방산 조성은 먹는 기름의 지방산 조성을 꼭 닮아 간다는 점입니다. 그래서 식유 선택은 참으로 중요합니다.

유류곡물에서 짜낸 기름은 모두 식
물성기름Vegetable oil이라 칭합니다.
주로 불포화지방Polyunsaturated fatty
acid을 많이 포함하고 있습니다. 불포
화지방산은 오메가 - 6 와 오메가 - 3
지방산 두 가지가 있습니다. 오메가 -

6 와 오메가 - 3 지방산은 우리 몸에서 생성되지 않기 때문에 꼭 음식을 통
해서만 공급 됩니다. 그래서 이 두 가지 지방산을 우리는 필수Essential 지
방산이라 칭합니다.

중요한 것은 오메가 - 6와 오메가 - 3지방산의 비율Ratio입니다. 음식의
기름도 사람의 체지방도 1:1로 구성될 때 가장 이상적 비율Optimal ratio입
니다. 비율이 높을수록 성인병을 초래할 위험성Risk factors이 커진다 합니
다. 식이성 기름의 오메가-6 지방산과 오메가-3지방산의 양과 비율에 따
라 소비자의 체지방의 지방산 조성과 비율이 결정됩니다.

오메가 - 6과 오메가 - 3지방산의 기름 비율은 다음과 같습니다. 옥수수
기름은 57:1, 해바라기씨 기름은 71:1, 콩기름은 54:8(7:1), 유채유는 21:
11(2:1), 그리고 아마유는 16:57(0.3:1)입니다. 북미 사람들의 체지방 평균
분석치는 오메가-6와 3의 비율이 30:1이 넘는다고 합니다.
지난 반세기동안 분별없이 마구 섭생한 결과입니다.
우리 몸에는 오메가-6 지방산은 너무 많이 축적되어 있는데 비해 오메

유채유canola oil와 아마유flax oil는 카나다에서 많이 재배 생산되고 있습니다. 유채유는 전체 기름양의 10% 정도가 오메가 3 지방산이고, 아마유는 전체 기름의 50%가 오메가 - 3 지방산으로 구성돼 있습니다. 우리가 즐겨먹는 들기름과 더불어 좋은 오메가 - 3 지방산이 풍부한 식유입니다.

각종 기름들의 오메가 - 6과 오메가 - 3 지방산의 비율은 다음과 같습니다. 옥수수 기름은 57:1, 해바라기씨 기름은 71:1, 콩기름은 54:8(7:1), 유채유는 21:11(2:1), 그리고 아마유는 16:57(0.3:1)입니다. 북미 사람들의 체지방 평균 분석치는 오메가 - 6와 3의 비율이 30:1이 넘는다고 합니다.

가 - 3 지방산은 결핍되었다는 말입니다. 다시 말해서 옥수수 기름이나 해바라기씨 기름을 생각없이 계속 섭생한다면 오메가 - 6와 오메가 - 3 지방산 비율이 점점 높아질 것입니다. 그 결과로 성인병을 초래할 위험성이 더 커진다는 결론입니다. 콩기름이나 카놀라 기름에는 오메가 - 3 지방산 함량과 비율이 이상적은 못되지만 옥수수 기름이나 해바라기씨 기름에

비해 많은 식유입니다. 별첨한 식유지방산 조성표를 참조하시길 바랍니다.

호주Australia나 유럽에서는 오메가 - 3 지방산 공급을 목적으로 지난 10여년 전부터 카나다 산 유채유Canolaoil 수입과 재배를 힘써 권장했습니다. 신기한 것은 호주 사람들의 체지방 오메가 - 6와 오메가 - 3 지방산 비

율이 지난 10년 동안 많이 향상되었다는 보고입니다. 이로 인해 성인병 발병율에도 좋은 효과가 있을 것이란 연구 조사가 진행되고 있어 기대되는 바 큽니다.

카나다도 예외는 아닙니다.

우리 몸의 체지방의 균형을 되찾기 위해서는 오메가 - 3지방산을 별도로 매일 보충해주어야 합니다. 1990년도부터 카나다 보건성은 성인 한 사람당 하루 적어도 1.5~2.0g의 오메가 - 3지방산을 섭생할 것을 권장했습니다. 임신 중의 산부에게는 자라나는 태아의 몫으로 160mg을 더 보충 섭생할 것이며, 산후에 모유로 양육할 경우 하루 250mg을 첨가 소비하기를 권장합니다.

카나다는 유채유Canola oil와 아마유Flaxseed oil가 많이 생산되는 나라라 다행입니다. 모자라는 오메가 - 3 지방산은 아마유Flax oil나 아마씨로 대체하면 좋습니다.

필자는 아마씨를 구입해 살짝 볶아 커피그라인더에 갈아 하루 한 술씩 섭생합니다. 아마씨는 40% 가 기름이고, 기름의 57% 가 오메가 - 3 지방산입니다. 한 술Table Spoon을 약 15g 정도로 보면 3.0g의 오메가 - 3 지방산을 섭생하는 것과 일치합니다. 단지 주의해야 할 일은 지방산이 공기에 노출되었을 경우 쉽게 산화되어 유익성보다는 오히려 유리기가 많이 생겨 해로울 수 있음을 감안하길 바랍니다. 매주 조금씩 자주 준비하여 바람기 없이Air-tight 보관 섭생함이 좋습니다.

음식은 하나님의 축복입니다. 지혜롭게 선용해야 합니다.
하나님은

"땅이 그 소산을 내었도다. 곧 하나님이 우리에게 복을 주시리로다." (시편 67장 6절)

하셨습니다.

다. 기름도 홀몬으로 변해 우리 몸을 지킵니다

누가 세어 봤는지는 알 수 없지만 사람의 몸은 600조(60 trillion)의 세포들로 구성되어 있다고 합니다.

이들은 밤낮을 쉬지 않고 생명의 역사를 수행합니다. 세포는 죽고 또 새 세포가 소생합니다. 몸 전체의 600조나 되는 세포들이 일년 내에 새 세포들로 모두 교체됩니다. 피 속의 혈구들은 매 3개월 마다 새것으로 교체됩니다. 이때 늙고 약한 세포들은 젊고 건강한 새세포들로 교체됩니다. 이것이 자가치유Self healing입니다.

우리의 몸은 참 신비하게 창조되어 있습니다. 다윗도
"내가 주께 감사하옴은 나를 지으심이 신묘막측 하심이라." (Psalm 139장 14절)

고 감탄하고 창조하신 분께 감사했습니다. 세포들도 우리가 먹는 음식으로 공급되는 영양소를 먹고 삽니다. 영양소들의 양과 종류와 그 균형에 따라 불편하기(병,

Dis - Ease)도 하고 편안해(건강, Ease) 하기도 합니다. 병(Dis - Ease) 이란 세포들이 편치Not ease 않다는 말입니다.

우리가 섭생하는 식용유의 종류에 따라 세포들이 편안하기도 하고 불편해 하는지 알아보겠습니다.

세포들은 세포막으로 싸여져 있습니다. 세포막은 모두 기름과 단백질로 구성된 두 겹의 엷은 막Membrane으로 세포를 둘러 싸고 보호하고 있습니다. 이 세포막의 지방산 조성에 따라 세포들의 기능도 달라집니다. 기름에는 오메가 - 6 와 오메가 - 3 지방산이 있습니다. 이 두 지방산의 비율Ratio에 따라서 세포막의 기능이 달라 지는데 1:1 의 비율이 가장 좋습니다. 그런데 불행하게도 우리의 체지방은 20:1로 불균형을 이루고 있습니다. 이는 우리가 오랫동안 오메가-6 지방산을 지나치게 섭취하고, 오메가-3 지방산을 너무 과소 섭취한 결과입니다.

세포막에 붙어 있는 지방산들이 필요에 따라 세포질Cytoplasm 안으로 방출Release하게 됩니다. 이 방출된 지방산들이 아이코사노이드Eicosanoids 란 홀몬으로 생합성됩니다. 아이코사노이드는 세포 기능을 원활하게 관리Minister하고 조절Control하는 일을 합니다. 이때 1:1 의 비율이 가장 세포가 편안해 하는 비율입니다. 세포가 편안해지면 우리 몸도 편안해지고, 편안한 몸이 건강합니다.

지난 20년간 기름에 관해서 많은 연구했지만 아직도 그 원리Mechanism 를 파악하지 못한 것이 많습니다. 지방산의 새로운 기능Function들이 매년 새롭게 발견돼 연구논문으로 발표되고 있습니다. 우리가 알아야 할 것은 매일 먹는 기름이 칼로리원Energy source으로만 쓰이는 것이 아니고 홀몬으로 생합성Biosynthesis되어 세포들의 기능을 관리Minister 조절 Control한다는 것입니다. 이러한 기능이 원활하지 못하면 세포들이 편치 않다Dis - ease는 것을 식품구입 때나, 요리 할 때나 식사 하실 때 꼭 명심 하기 바랍니다.

지금까지 알려진 지식으로는 오메가 - 6 지방산이 몸속에 공급되면 탄 소가 20개짜리 지방산인 아라키도닉Arachidonic Acid이란 지방산, 또 오메 가 - 3 지방산은 탄소가 20개짜리 아이코사펜타에노익(Eicosapentaenoic Acid 또는 EPA)이라는 지방산으로 생합성됩니다. 이들은 다시 아이코사노 이드Eicosanoid라는 홀몬으로 생합성됩니다. 이때 이 두 가지 종류의 홀 몬이 서로 균형을 이루고 기능을 견제합니다.

오메가 - 6 지방산이 많고 오메가 - 3 지방산이 결핍되면 아라키도닉 산 으로만 홀몬이 만들어져 하는 일을 독점합니다. 이때 세포들이 아주 불편 해Disease집니다. 오메가 - 3 지방산이 충분히 공급되면 아이코사펜타에 노익 지방산으로 홀몬이 생합성되어 오메가 - 6 지방산의 횡포를 견제하 게 됩니다. 세포들이 아주 원할해지고 편안해 합니다. 다시 말해 몸이 건 강 해진다는 이야기입니다.

이 홀몬들은 수명Half life이 아주 짧습니다. 순간Fraction of second적으 로 홀몬이 합성되고 또 소모되어 사라집니다. 그래서 필요한 지방산은 계 속해서 공급해줘야 합니다.

기름은 참으로 중요한 영양소들입니다. 잘 선택하는 지식과 지혜가 절 대 필요합니다. 한 예로 오메가 - 6 지방산만 들어 있는 참기름이나 해바

라기씨 기름, 또 오메가-3 지방산이 많은 한국에 들깨 기름이나 카나다의
아마기름을 잘 균형있게 섭식하는 영양지식을 구사할 수 있어야 합니다.
우리 몸에 오메가-3 지방산이 결핍되면 오메가-6 지방산이 모든 아이코
사노이드 홀몬을 독점 생산하고 세포의 신진대사를 좌지우지 합니다. 이
누 지방산 비율은 1:1이 제일 이
상적입니다.

오메가-3 지방산이 결핍할 때
일어나는 임상적 징후를 살펴 보
면, 혈액 속에 프라트렛Platelet란
혈판의 점도Viscosity를 높여 혈
액이 걸죽Viscose해져 동맥경화
를 초래하고, 세포의 염증 반응
을 촉진해 천식, 신경통, 심장질

환 등을 가져오고, 혈압과 심장박동을 높이고, 림파구 분열을 촉진하고,
면역기능을 저해하고, 암세포 증식을 촉진하고, 질병 저항력도 쇠퇴되고,
신경세포의 기능저하로 치매현상을 촉진하고, 혈액 내에 LDL이 높아지
고, HDL은 줄어들고, LDL-콜레스테롤이 쉽게 산화되어 산화부담이 촉진
됩니다. 결국 성인병 발병Onset이 조기에 찾아옵니다.

오메가-3 지방산을 하루에 2~3g 이상 섭취하는 식이요법을 권합니다.
아마유는 한 술One tablespoon에 7g, 아마씨는 한 술에 3g, 유채는 한 술에
1.5g, 호도유Walnut oil은 한 술에 1.2g의 오메가-3 지방산을 공급합니다.
오메가-3 지방산 섭취를 위해 참고 하시길 바랍니다.

성경에도 보면 기름이 주는 혜택을 많이 찾아 볼 수 있습니다.

"그맛이 기름 섞은 과자맛 같았더라.(민수기 11장 8절), 죽은 파리가 향 기름으로 악취가 나게 한다.(전도서 10장 1절), 많은 병인에게 기름을 발라 고치더라.(마가 6장 13절), 등유와 관유에 드는 향품

성경을 보면 기름이 주는 혜택을 많이 찾아 볼 수 있습니다. "그맛이 기름 섞은 과자맛 같았더라.(민수기 11장 8절), 죽은 파리가 향 기름으로 악취가나게 한다.(전도서 10장 1절), 많은 병자들에게 기름을 발라 고치더라.(마가 6장 13절), 등유와 관유에 드는 향품(출애급 25장 6절), 목욕을 하고 기름을 바르고(룻기 3장 3절)" 등의 기록을 보아도 기름은 우리 삶에 아주 귀한 식품임에 틀림없습니다.

(출애급 25장 6절), 목욕을 하고 기름을 바르고(룻기 3장 3절)"
의 기록을 보아도 기름은 우리 삶에 아주 귀한 식품임에 틀림없습니다.

라. 한국 음식이 식이요법으로 최고입니다

우리집 사람은 부엌에서 요리하길 좋아합니다. 또 남 대접하길 즐겨합니다. 집안 식구 대접은 소홀히 해도 손님 대접은 정성껏 합니다. 대접받은 손님들이 음식솜씨에 칭찬할라치면 꽤 좋아합니다.

그것이 동기(?)가 되어 에드몬턴 교육청에서 성인교육 프로그램에 한국요리강좌를 요청해 왔습니다. 그래서 마다하지 않고 여러 해 바쁜 시간을 할애한 일이 있었습니다.

요리실습이 끝나면 설거지는 물론 나의 몫이 되기도 했습니다. 덕분에 동참했던 수강생들과 안면을 익혔습니다. 가끔 길에서 만나면 비빔밥에,

김치 자랑을 주위 사람들이 들어
보라는 듯 큰소리로 호들갑을 떨며
인사를 합니다.

아내 덕에 받는 찬사라 좀 멋쩍지
만 그리 싫지 않은 것이 솔직한 고
백입니다. 그 여러 요리 종목 중에
서도 제일 인기가 좋았던 것은 비

세계보건기구(WHO)에서 우리의 비빔밥이야말
로 온 인류가 채택할만한 건강음식이라고 추천
했습니다.

빔밥입니다. 비빔밥 요리의 유래와 영양학적 유익성을 성경 말씀에 곁들
여 설명하면 더 더욱 좋아했습니다. 불고기에 가지각색 산채를 색깔에 맞
추어 밥 위에 얹어 수북히 산처럼 쌓아 올렸다해서 요리반 학생들에게는
영어로 산채밥Mountain vegetable rice이라는 이름을 붙였습니다.

원래는 산채山菜란 뜻에서 산이란 이름이었겠지만 산처럼 쌓아 올렸다
는 의미로 더 쉽게 받아들여져 그렇게 소개했습니다. 이 음식이야말로 세
계보건기구(WHO)에 제출하여 온
인류가 채택할 만한 건강음식이라
고 칭찬을 들었습니다.

"고기를 불에 구워 무교병과 쓴
나물과 아울러 먹어라."(출애굽기
12장 8~10절)
고 하는 성경대로 하나님의 건강 요
리 레스피Recipe입니다.

양념해 구어 낸 불고기와, 쓴맛
나는 다양한 산채나물들, 가공 없는

무교병인 쌀밥, 정말 감탄하지 않을 수 없습니다. 영양학적 면에서 철저하게 과학적이요, 균형 잡힌 건강음식임에 틀림없습니다.

이 레스피대로 인류가 섭식했더라면 오늘날 성인병은 없지 않았나 하는 순진한Naive 생각했습니다. 한번 암으로 고생했던 나대로의 착상입니다.

그러나 이 착상을 주부님들과 나눌 수는 없을까 고민(?)해오던 터에 2003년부터 대학강의 노트에서 발췌한 〈영양학 강좌〉란 이름으로 졸고 Column를 신문에 연재해 왔습니다. 횟수가 계속되매 전화와 이메일이 빈번해졌습니다. 독자들의 문의 전화가 쉬지 않고 이어져 내게는 큰 격려가 되었습니다.

그간 특강을 통해 독자님들을 직접 만날 수 있는 기회들이 있어 더욱 감사했습니다. 천진한 초등학생처럼 큰소리로 따라 읽으며 즐거워하던 독자님들, 성경얘기만 나오면 아멘으로 화답하던 앞줄에 앉은 등산팀들, 단어가 생각나지 않아 더듬거릴 때마다 재치 있게 도와주던 자매님들, 부인께서 오래 고생하던 신경통이 없어졌다고 기뻐하며 전화하시던 형제, 사랑하는 따님이 이름 모를 병 때문에 애처로워 하시는 자매도 특강을 통해서 만날 수 있어 기뻤습니다.

사람은 음식을 먹지만 600조나 넘는 몸세포들은 영양소를 먹어야 한다는 것, 생명의 표상인 호흡에서 빠져나온 성질 급한 활성산소들의 행패인 산화부담으로 오는 숱한 성인병들, 여기에 해답은 항산화제 식이요법 뿐이란 것을 우리는 다 알게 되었습니다.

모든 성인병의 첫 단추는 〈산화 부담〉이란 것을 배웠습니다. 산화 부담

은 씨, 과일, 채소 음식에 풍성하게 담겨 있는 항산화제가 치료와 예방의
열쇠라는 것도 이제 우리 모두 터득했습니다. 우리 모두 훌륭한 영양학자
가 되었습니다. 문제는 주방 요리대에서 실천하는 일만 남았습니다. 지상
을 통해 또 뵐 때까지 건강하시길 바랍니다.

마. 잘먹고 잘살 때 얻는 것도 있고 잃는 것도 있습니다

옛날 가난할 때 '먹고 산다' 는 말을 '입에 풀칠한다' 라고 했었습니다.
간신히 연명한다는 말입니다. 곡물이 부족해 배고프던 때가 그리 오래 전
이 아닙니다. 한국도 70년대 만해도 입에 풀칠하며 간신히 살았습니다.
춘궁이며 보릿고개를 절기처럼 매년 겪고 살았습니다.

동서 고금을 막론하고 인류의 역사는 전쟁과 흉년으로 기아의 연속이
었습니다. 2차대전 후 폭발적인 인구증가로 심각한 식량문제에 봉착했습
니다. 그후 농업생산기술이 눈부시게 발달했습니다. 이 농업기술이 지구
상의 70억 인구를 기아에서 해방시킬 수 있었습니다. 이 획기적 기술변혁
을 녹색혁명Green Revolution이라고도 합니다.
오늘날도 식량이 없어 굶는 나라가 꽤 많습니다. 그러나 이는 식량부족
이 원인이라기보다 정책과 분배기술의 미숙이 그 원인이라 하겠습니다.

오늘날 우리가 당하고 있는 건강문제는 식량부족에서 오는 영양실조가
아닙니다. 너무 많이 먹어서, 잘못 만들어 먹어 생기는 병들입니다.
경제가 발달하여 잘사는 사회일수록 가공식품이 더 범람합니다.
우리가 살고 있는 북미는 더 더욱 그렇습니다. 두 사람당 한 사람은 비

대중환자요, 당뇨병환자라는 통계가 잘 설명해 주고 있습니다. 가공으로 손실된 영양소들을 가공 후 재첨가하여 판매한다고 하지만 원래 천혜적으로 씨 맺는 곡식 속에 준비되어 있는 다양한 영양소들의 양과 비율을 원상으로 회복시킬 수는 없는 것입니다.

천혜의 식품은 우리의 건강을 위한 최상의 완전식품입니다.

가공의 기술로 향상시키기는커녕 오히려 생명을 주는 영양소를 도적질해 버렸습니다. 생명을 주는 영양소 대신 생명을 해치는 화학물질로 대체할 때 더 위험이 뒤따른다는 것을 알아야 합니다. 가공식품은 천연식품이 주는 생명력을 다 빼앗긴 위험한 음식들입니다.

오늘날 전곡식품Whole grain시대로 가고 있어 다행스럽게 생각합니다. 식당엘 가도 흰빵과 검은빵을 선택할 수 있게 되었습니다. 아침식사용 시리얼도 이태리 음식인 스파게티도, 베이글이나 머핀도 전곡으로 만들어 영양가를 부가시켜 파는 시대입니다. 소비자들이 점점 영양학에 지식이 늘어가고 지혜로워진다는 증거이기도 합니다.

하나님도 "내 백성이 지식이 없으므로 망하는도다."(호세아 4장 6절) 하시며, 네가 지식을 버렸다고 통탄하셨습니다. 이 귀한 지식을 되찾아 건강합니다.

하나님도 "내 백성이 지식이 없으므로 망하는도다. 네가 지식을 버렸다."고 통탄하셨습니다.(호세아 4장 6절). 이 귀한 지식을 되찾아 건강해야겠습니다.

1. 항산화제 보조식품 Antioidant supplement

사람은 음식을 먹지만 세포들은 영양소를 먹습니다.

필수 영양소들과 항산화제를 균형 있게 계속 공급해줘야 세포들이 건강합니다.

오늘날 식품생산과 가공 공정을 통해 우리 식탁까지 오는 도중 식품 속의 영양소가 손실되었거나 균형을 잃고 말았었습니다. 우리가 식사를 통해 섭취하는 무기질과 미량 영양소의 비율은 전체 영양소의 0.5%에도 미치지 못한다고 합니다. 식품에 전적으로 의존할 수가 없는 실정입니다. 이런 이유로 필자는 항산화제와 필수 영양소들이 균형 있게 배합된 보조식품을 복용해 왔습니다.

건강식품점 Health Food Store이나 약방에서 파는 보조식품을 비교연구해 보았습니다. 필자에게 가장 편하고 적합한 상품을 하나 골라 매일 식후마다 복용합니다. 미국 유타주에 본사를 둔 USANA란 회사가 제조한 종합 항산화제 Mega Antioxidants와 종합 광물질 Chelated Mineral과, 흡수 잘 되도록 조제한 Active Calcium, 그리고 오메가 - 3 지방산을 매일 복용하기를 권하고 있습니다. 더 자세한 정보는 www.usana.com/en/; www.usana.comkr에 문의하실 수 있습니다.

2. 필자가 애용하는, 집에서 만든 오메가 살라드 기름

필자는 식이요법의 한 수단으로 가급적 다양한 색깔과 짙은 색의 청과 Fruit and vegetables들을 적어도 하루 5~10 급식량Servings을 먹도록 노력했습니다. 왜냐하면 청과 속에 잠재해 있는 천혜의 항산화제와 섬유질을 섭취하기 위해서 입니다.

이 청과들을 잘게 썰어 먹기 싫을 때까지 하루 권장량을 넘게 섭식하도록 노력했습니다. 이때 함께 섭취하는 소위 살라드 기름 드레싱Salad Dressing은 집에서 나름대로 만들어 먹고 했는데 이는 오메가-3 지방산과 오메가-6와 오메가-3 지방산 비율을 1:1 로 접근시키는데 목적을 두었습니다.

식품점에 가면 다양한 식용유를 팝니다. 라벨에 〈Cold Press Flax Oil〉라 적힌 아마유와 〈Virgin Olive Oil〉이라 이름한 올리브 기름을 구입합니다. 아마유와 올리브 기름 3:1의 비율로 잘 배합합니다. 공기가 차단된 병에 넣어 늘 냉장고에 저장 사용했습니다.

올리브 기름에는 안정성이 큰 오레익Oleic Acid 지방산과 천연의 항산화제가 다량 담겨 있어 비교적 안정성이 약한 아마유를 오래 보전해 줍니다. 하루에 큰술Table spoon로 한 술씩 청과Salad와 함께 먹습니다. 이는 하루 최저 권장량인 5g의 오메가-3 지방산을 공급해 줍니다.

3. 전곡으로 아침 씨리얼 만들어 먹기

필자는 가공하지 않은 전곡Whole Grain으로 아침용 씨리얼을 만들어 먹습니다. 비교적 큰 식품점인 SUPERSTORE나 코스코에 가면 포장하지 않은 식품을 파는 소위 Bulk Section(저울)에 달아 파는 전곡들이 많이 준비돼 있습니다. 전곡 중에서도 귀리Oats, 해바라기씨, 호박씨 그리고 아몬드를 아래 비율표 대로 배합합니다. 그런 다음 얇은 철판 Cooky plate에 얇게 펴 미리 데운 오븐(Pre - heated oven at 250℃)에 약 10~15분간 볶아Roast 냅니다.

전곡wholegrain으로 아침 씨리얼을 만들어 먹습니다. 아마씨는 일단 분쇄하면 산패oxidation되기 쉽기 때문에 2주마다 적당량씩 준비해 사용함이 좋습니다.

　　방 온도에 식힌 후 건포도, 건조한 과일과 아마씨 가루를 준비된 비율대로 배합합니다. 공기가 잘 통하지 않게 Air Tight병에 넣어 냉장고 안에 저장해 두고 매일 아침 사용합니다. 설탕 없이 만든 콩우유Nonsugared soymilk와 분량은 식성과 식욕에 맞추어 먹습니다. 이렇게 하면 섬유질과 오메가 지방산, 그리고 지방산 비율을 잘 조절해주는 전곡 아침 씨리얼Whole grain breakfast cereal이 됩니다. 건조과일Dried fruits은 설탕보다 당도Glycemic index가 낮고 섬유질과 항산화제가 풍부해 좋습니다. 아침식사로 아주 안성맞춤이지요. 한 가지 주의 할 점은 전곡상태의 아마씨Flaxseed는 오래 저장해도 안전하지만 일단 분쇄Ground하면 공기와 접촉하여 산패되기 쉽기 때문에 2주마다 적당량씩 준비해 사용함이 좋습니다.

가공하지 않은 납짝 귀리(Old fashioned rolled oats) : 50%

해바라기씨(Sunflowerseeds) : 8%

호박씨(Pumpkinseed) : 8%

엷게 써른 아몬드(Sliced almond) : 8%

건포도(Raisins) : 10%

건조한 과일조각 (Sliced dried fruits) : 10%

아마씨 가루 (Freshly ground flaxseed)* : 6%

4. 간식거리 만들어 먹기

통곡으로 간식거리를 만들어 먹습니다. 커피참 coffee break에는 물론이고 골프장에서 간식 energy bar로 아주 십상입니다. 섬유질, 항산화제, 오메가 - 3 지방산, 그리고 낮은 혈당지수의 음식인 줄 알고 먹을 수 있어 좋습니다.

커피를 많이 마시면 몸에 이롭지 않다는 것을 알면서도 카나다 생활 풍습에 젖어 살다보니 하루 두 컵씩 마시는 것이 어느덧 습관이 되었습니다.

커피를 마실 때 무엇인가 달착지근한 과자나 케익을 함께 먹게 되는데 여기에는 설탕이 많이 들었을 뿐만 아니라 가공한 재료들로 만든 것들입니다. 그래서 안전하다고 생각되지 않아 내가 스스로 만들어 먹는 간식을 소개하고자 합니다.

내가 애용해오는 전술한 〈아침 씨리얼〉과 메플시럽Maple Syrup을 9대 1로 골고루 섞어 점도를 확인합니다. 다음으로 과자 굽는 철판Baking Sheet 표면에 올리브 기름을 약간 바릅니다. 그리고 준비한 씨리얼 반죽을 얄팍하게 깔고 압축한 다음 공기를 차단하도록 Saran sheet으로 씌워 냉장고에 넣어 굳힙니다. 그런 다음 필요할 때 피자 칼로 적당한 크기로 분할해 간식으로 이용합니다. 커피 시간에는 물론이고, 골프치러 갈 때 간식으로 아주 십상입니다. 이 간식은 내가 자신 있게 알고 먹을 수 있는 간식거리입니다.

섬유질, 곡물에 든 수많은 천혜의 항산화제들, 오메가-3 지방산과 복합적 탄수화물 등 확실히 알고 먹을 수 있어 좋습니다.

5. 식용유를 고르실 때

지방산 조성표를 참조하십시요. 오메가-6 지방산이 많은 기름을 사용하실 때에는 오메가-3 지방산이 많은 기름을 구입하셔서 1:2의 비율로 함께, 또는 따로 따로 사용하시면 지방산 비율 1:1을 유지하는 데 도움이 됩니다. 단 오메가-3 지방산이 많은 아마유나 들기름으로 튀김하는 데에는 쓰지 않는 것이 좋습니다.

식유의 지방산 조성표(%)

식유 또는 유지	P/S	포화 지방산	단불포화 지방산	다수불포화 지방산과 비율		
				오메가-6 지방산	오메가-3 지방산	오메가 6:3 비율
알몬드 기름	9.7	9	69	17	0	17:0
소기름지	0.9	46	43	3	1	3:1
버터(소)	0.5	59	29	2	1	2:1
버터(염소)	0.5	56	27	3	1	3:1
모유지(사람)	1.0	48	35	9	1	9:1
유채유	15.7	6	62	22	10	2.2:1
코코아기름	0.6	63	32	3	-	-
어간유(Cod)	2.9	25	22	5	-	-
코코낫유	0.1	83	6	2	-	-
옥수수유	6.7	13	28	58	1	58:1
면실유	2.8	26	19	54	1	54:1
아마유	9.0	10	21	16	53	0.30:1
포도씨유	7.3	12	15	73	-	-
돼지기름	1.2	42	44	10	-	-
올리브유	4.6	16	71	10	1	10:1
야자유	1.0	50	40	10	-	-
땅콩유	4.0	13	48	32	-	-
싸화로유*	10.1	9	13	78	-	-
참기름	6.6	13	41	45	-	-
두유	5.7	15	24	54	7	7.7:1
해바라기유*	7.3	12	19	68	1	68:1
호도유	5.3	5	28	51	5	10.2

6. 암과 싸우며 배운 건강에 관한 지혜

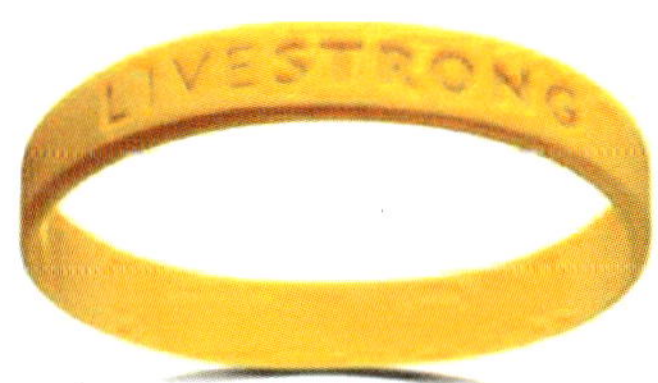

암과 싸우며 배운 것은 식이요법으로 암도 퇴치할 수 있다는 것입니다.
'세상에서는 너희가 환난을 당하나 담대하라. 내가 세상을 이기었노라.' 한복음 16장 33절. 내가 약할 그 때에 곧 강함이니라. 고린도후서 12장 10절

필자가 암과 투병할 때 스스로에게 던진 여섯 가지 질문이 있었습니다.

왜 내가 당해야 했나? 무엇이 잘못 됐길래? 하나님께서는 무엇이라 하시나? 원인을 바로 알려면 어떻게 해야 하나? 나의 잘못이라면 어떻게 이 실수를 반복하지 않나? 그리고 어떻게 이 투병 체험을 능력화 시키나?

'경험은 선생' 입니다.

좋은 경험도, 나쁜 경험도 다 쓸모가 있습니다. 배워서 어떻게 선용하느냐에 달려 있습니다. 그래서 좋은 것도, 나쁜 것도 선생입니다. 배우기만 하면 됩니다. 때로는 병도 유익합니다. 중요한 것은 지금부터 어떻게 하느냐 하는 것입니다. 병상에서도 아직 늦지 않았음을 알았습니다. 식이요법은 오늘부터 시작해도 늦지 않았고 치료도 예방도 가능하다는것을 잘 배웠습니다.

7. '하나님이 가라사대' 영양학

저의 암투병을 통해 '하나님이 가라사대 영양학'을 성경말씀으로 깨우쳐 주셨습니다.

■ 지식과 지혜에 관하여

1. 묵시가 없으면 백성이 방자히 행하거니와 율법을 지키는 자는 복이 있느니라.(잠언 29장 18절)

2. 하늘이 땅보다 높음 같이 내 길은 너희 길보다 높으며 내 생각은 너희 생각보다 높으니라.(이사야 55장 9절)

3. 하나님의 도는 완전하고 여호와의 말씀은 정미하니(시편 18장 30절)

4. 여호와를 경외하는 것이 지식의 근본이어늘, 미련한 자는 지혜와 훈계를 멸시하느니라.(잠언 1장 7절)

5. 내 백성이 지식이 없으므로 망하는도다. 네가 지식을 버렸으니(호세아 4장 6절)

6. 미련한 자는 지혜와 훈계를 멸시하느니라.(잠언 1장 7절)

7. 너희는 스스로 조심하라. 그렇지 않으면 방탕함과 술취함과 생활의 염려로 마음이 둔하여지고 뜻밖에 그 날이 덫과 같이 너희에게 임하리라.(누가복음 21장 34절)

■ 식품 속에 담긴 하나님의 축복에 관하여

1. 모든 것이 가하나 모든 것이 유익한 것이 아니요.(고린도전 10장 23절)

2. 네가 네 손이 수고한 대로 먹을 것이라, 네가 복되고 형통하리로다.

  (시편 128장 2절)

3. 내가 온 지면의 씨 맺는 모든 채소와 씨 가진 열매 맺는 모든 나무를
  너희에게 주노라, 너희 식물이 되리라. (창세기 1장 29절)

4. 사람의 마음을 기쁘게 하는 포도주와 사람의 얼굴을 윤택하게 하는
  기름과 사람의 마음을 힘있게 하는 양식을 주셨도다. (시편 104장 15절)

■ 나의 몸이란 무엇인가에 관하여

1. 내가 주께 감사하오음은 나를 지으심이 신묘막측하심이라. (시편 139장 14절)

2. 육과 영의 온갖 더러운 것에서 자신을 깨끗케 하자. (고린도후서 7장 1절)

3. 너희 몸을 하나님이 기뻐하시는 거룩한 산 제사로 드리라. (로마서 12장 1절)

4. 여호와여! 주의 인자하심이 영원하오니 주의 손으로 지으신 것을 버
  리지 마옵소서. (시편138장 8절)

5. 사람이 만일 온 천하를 얻고도 제 목숨을 잃으면 무엇이 유익하리요.

  (마가복음 8장 36절)

6. 소리가 나고 움직이더니 이 뼈, 저 뼈가 들어 맞아서 뼈들이 서로 연
  락하더라. (에스겔 37장 7절)

■ 성경적 식이요법에 관하여

1. 너는 밀과 보리와 콩과 팥과 조와 귀리를 가져다가 한 그릇에 담고
  떡을 만들어 먹어라. (에스겔 4장 9절)

2. 화목제 희생의 고기는 드리는 그 날에 먹을 것이요, 조금이라도 이튼

날 아침까지 두지 말 것이니라.(레위기 7장 15절)

3. 스스로 죽은 것의 기름이나 짐승에게 찢긴 것의 기름은 달리는 쓰려
   니와 결단코 먹지 말찌니라.(레위기 7장 24절)

4. 소나 양이나 염소의 기름을 먹지 말 것이요.(레위기 7장 23절)

5. 고기를 불에 구워 무교병과 쓴 나물과 아울러 먹되(출애굽기 12장 8절)

6. 남겨 두지말며 아침까지 남은 것은 곧 소화하라.(출애굽기 12장 10절)

7. 여간 채소를 먹으며 서로 사랑하는 것이 살찐 소를 먹으며 서로 미워
   하는 것보다 나으니라.(잠언 15장 17절)

8. 사람의 얼굴을 윤택하게 하는 기름과 사람의 마음을 힘있게 하는 양
   식을 주셨도다.(시편 104장 15절)

9. 땅이 그 소산을 내었도다. 하나님 곧 우리 하나님이 우리에게 복을
   주시리로다.(시편 67장 6절)

10. 너희는 집을 짓고, 거기 거하며 전원을 만들고, 그열매를 먹으라.(예
    레미아 29장 5절)

11. 그 실과는 먹을 만하고, 그 잎사귀는 약 재료가 되리라.(에스겔 47장 12절)

12. 이사야가 가로되 무화과 반죽을 가져오라 하매 무리가 가져다가 그
    종처에 놓으니 나으니라.(열왕기하 20장 7절)

13. 그런즉 너희가 먹든지 마시든지 무엇을 하든지 다 하나님의 영광을
    위하여 하라.(고린도전서 10장 31절)

14. 물은 그 속에서 영생하도록 솟아나는 샘물이 되리라.(요한복음 4장 13절)

이 기사는 2006년 2월 22일(수) 미주 한국일보에 게재된 기사를 전재한 것입니다.

세계가 인정한 '달걀박사'
– 알버타대 농대 식품영양학과 심정석 교수

29년 정든 강의실 떠나 올 여름 은퇴

건국대 축산대학을 졸업한 심 교수는 64년 덴마크의 말링농대에서 가축사육에 대해 2년간 공부를 하고 66년 캐나다로 이민했다.

한겨울 추위가 몰아치던 1월, 낡은 가방 하나 들고 온타리오 런던공항에 내렸지만 갈 곳도, 아는 이도 없었다. 우선 하룻밤을 지낼 숙소를 찾고 있는데 이민국 직원이 "환영한다"며 손을 내밀었다.

그는 하숙집을 알아봐 주고, 일자리도 주선해줬다. 그때만 해도 영어실력도 부족하고 학력에 합당한 직장도 쉽지 않고 돈도 없는 상황이라, 칠면조 농장에서 일했다. 이후 당시로는 큰돈인 500달러를 마련해 토론토로 왔다. 서니브룩병원에서 의사와 간호사를 돕는 일을 맡았다. 환자를 목욕시키고 침대

도 정리하며 잔심부름도 했다.

언어에 조금 자신이 생기자 공부한 분야를 살리고 싶었다. 그곳이 토론토 대학 내의 코놋 의학연구소. 생화학실험실 연구원으로 일하다 대학원 진학을 결심했다. 매니토바대 대학원에서 축산영양학을 전공, 70년 석사학위를 받았다. 이후 벤쿠버의 브리티시 컬럼비아대(UBC)에서 동물영양학을 연구, 74년 이학박사 학위를 취득했다. 학위논문은 '식물스테롤Phytosterol이 콜레스테롤 신진대사에 미치는 영향 연구.'

스테롤Sterol은 식물체에서 생성되는 유지油脂 성분으로 콩기름에서 추출한 식물스테롤을 동물에 먹였을 때 콜레스테롤의 흡수를 예방하고 몸 속의 콜레스테롤 합성도 줄어든다는 것. 콜레스테롤은 동물성 스테롤을 말하고, 식물에서 생성되는 물질은 특별히 식물성 스테롤이라 한다.

이러한 실험의 결과는 오늘날 식품에 식물성 스테롤을 첨가하는 공정으로 발전했다. 동·식물성 스테롤의 흡수를 방지하게 된다. 그래서 콩에서 나오는 기름이 유익하다. 이 연구는 74년에 발표됐지만 90년도에 와서야 상품화됐으니 연구가 15년 이상 앞선 셈이다.

박사학위를 끝내자 미국 캘리포니아 버클리대학으로 가서 박사후과정 연구생으로 2년을 보냈다. 교수직 찾기가 쉽지 않았기 때문이었다. 과정의 끝 무렵 UBC 농대 축산과 학과장으로부터 전화가 왔다. 축산과에 자리가 났으니 지원해보라는 제안이었다. 이곳에서 86년까지 연구에 임하던 중 알버타 정부와 기업이 공동으로 석좌교수 자리를 마련해 줘 알버타대학으로 옮겼다.

계란산업은 캐나다 전체 축산업의 10% 이상을 차지할 만큼 비중이 크다. 하지만 지난 50여 년간 달걀 소비량은 해마다 1%씩 감소, 산업 침체로 이어졌다. 이에 대한 원인 규명과 문제해결을 위해 알버타 정부와 관련 업계가 나섰던 것.

어미 닭의 사료를 통해 달걀의 콜레스테롤 문제를 해결하는 그의 연구는 92년 연방보건성으로부터 인정과 판매 허가를 받아 'Dr. Sims Canadian

Desiger Egg' 라는 상표로 식품 시장에 선보여, 오늘날 세계 15개국에서 판매되고 있다. 캐나다는 물론 세계 양계산업 발전에도 기여가 큰 셈이다.

학계의 인정도 컸다. 미국가금학회(99년), 캐나다계란유통국(2004년)으로부터 공로상과 감사 표창을 받았다. 알버타대학은 킬람 교수상(93년), 세계 로터리클럽은 폴 해리스상을 수여했다. 한국의 농수산부, 건국대학, 상허재단, 캐나다한인상위원회 등에서도 업적을 인정받아 수상의 영예를 안았다. 이와 더불어 세계임상영양학회 종신회원, 중국학술원 명예연구교수 등으로도 활동한다.

"공부만큼 확실한 투자는 없어요. 선천적으로 타고난 소질을 안고 펼칠 수 있는 문을 열어줍니다. 공부는 실패를 하든 성공을 하든 모두 배움을 주지요. 자신이 좋아하는 분야를 전공으로 공부하는 사람만큼 행복한 사람이 있을까요?"

그래서 젊은 시절엔 다반사로 밤을 지샜지만 지금은 여유롭게 연구에 임한다. 하지만 공부가 그리 수운 일은 아니다. 노력하고 인내해야 기회가 오는 법. 이러한 진리는 후배 과학도들에 대한 조언도 된다.

"최선을 다해 분야의 일인자가 되겠다는 꿈을 가져야 합니다. 공부는 진전이 느리기 때문에 학문을 직업 삼는 것은 손해라는 느낌도 들지요. 하지만 캐나다는 공부해서 해가 되는 문화가 아닙니다. 돈 없어 공부 못하는 나라도 아니고요. 언어를 철저하게 닦고 전공분야를 확실하게 다져야 합니다."

물론 교수생활이 늘 순탄하지는 않다. 대학원생들의 임금과 연구비는 교수가 챙겨줘야 하니, 연구비가 바닥나고 신청한 연구비를 거부당하면 비탄에 빠진다. 그러나 "쌀독에 양식이 가득하면 마음이 푸근하듯" 제자들의 학업을 성공적으로 지원해주고 이들이 일자리를 잡고 떠나는 모습을 볼 때면 큰 보람을 느낀다.

몇 해 전 본보에 '심정석 교수의 영양학 교실' 을 통해 교민사회에 영양과 건강에 대한 글을 수십 회 연재하고, 교민들을 위해 특강에도 나섰던 그는 지난 18년간 에드먼튼 로터리클럽의 회원으로 봉사해왔으며, 중국과 북한 돕기에도 분주하다.

중국에는 지난 97년 흑룡강성 팔일농대 초청으로 강의 차 방문했다가 목단강시에 조선족 신학생 학자금을 지원해준 것을 계기로 이후 해마다 신학생 5명에게 장학금을 통해 선교하고 있다. 북한 어린이를 위해서는 자신의 선교모임 'M2819'를 통해 나진의 어린이집 급식비를 지원한다. 또 알버타 대학에 한국어과가 없는 것이 안타까워 한국학 지원을 위한 모금운동도 전개하고자 한다.

그는 "캐나다에 살고 있는 한인은 모두 한국의 대사"라며 "한국인은 이민 역사로 보나 개인의 성숙도로 보나 캐나다의 큰 재산이 될 역량을 지니고 있다. 그러한 역량을 분산하지 말고 집중하면 영향력이 대단해질 것"이라고 말한다.

영양학을 강의하면서 직장암은 음식이 80%까지 영향을 미친다고 강조해왔지만 정작 자신이 지난 96년 직장암 선고를 받고 수술했다. 심 교수는 "지식만 팔았지 지혜가 부족했던 탓"이라며 이 체험은 이후 강의에 큰 교훈이 됐다고 회고한다. 그래서 40여 명이던 수강생들도 이제는 100명이 넘어 큰 강의실을 찾지 않을 수 없는 상황이 됐다.

심 교수가 대학에서 봉직한 기간은 올해로 29년. 어느덧 그도 올 7월 정년퇴직을 앞두고 있다. 공부 외에는 별 취미가 없었으니 은퇴하면 남들처럼 골프나 좀 배워볼까 생각 중이다.

67년 토론토에서 유학 중이던 김형주 씨를 만나 결혼한 그는 교수 월급이 넉넉지 못했지만 평생을 대학 도서실에서 일한 부인의 도움으로 경제적 어려움을 별로 겪지 않았다. 딸(36)은 BC주 빅토리아대 법대를 나와 특허법 변호사로 일하고 있고, 사위는 UBC 공대 석사 출신의 엔지니어. 이들 사이에 손자·손녀가 있다. 아들(33)은 알버타 법대를 졸업, BC주정부 검사로 활약 중이다.

도서구매 신청서

이 책을 친지나 동료에게 선물하고 싶으신 분은
책 값 $ 30와 아래 내용을 기재하여 우송해 주십시요.
받는 즉시 배달해 드리겠습니다.

책을 받는 분

성명:

주소:

전화번호:

전자주소:

책 권수:　　　　　　　　　　권　　　　　　　　　　원

신청서 보내실 주소

심정석(JEONG S. SIM)

Nutrition Mission(건강 선교회)

419, 12111 51th Avenue

Edmonton, Alberta T6H 6A3

이 책 판매 이익금 전액은 북한 어린이집 식량보내기에 쓰여집니다.
동참해 주셔서 감사합니다.

문의는 (780) 343 - 3053, (780) 994 - 1343 (HP)
E-mail : JSSIM@UALBERTA.CA